Betriebliche Kennzahlen

Planung – Controlling – Reporting

Susanne Kowalski

C.H.BECK

So nutzen Sie dieses Buch

Die folgenden Elemente erleichtern Ihnen die Orientierung im Buch:

Beispiele und Übungen

In diesem Buch finden Sie zahlreiche Beispiele zu den Kennzahlen.

Definitionen

Wichtige Begriffe werden kurz und prägnant erläutert.

! Die Merkekästen enthalten Empfehlungen und hilfreiche Praxis-Tipps.

Auf den Punkt gebracht

Am Ende jedes Kapitels finden Sie eine kurze Zusammenfassung des behandelten Themas.

Leser-Tipp: Eine Gesamtübersicht der „Kennzahlen von A bis Z" steht Ihnen unter folgendem Link zusätzlich im PDF-Format zur Verfügung:

http://www.beck-shop.de/fachbuch/dokument/KennzahlenAbisZ.pdf

Inhalt

Vorwort

Kennzahlen werden – besonders wenn sie Positives darlegen – immer wieder gerne eingesetzt: für interne Besprechungen, für externe Termine mit Banken und Investoren, auf Konferenzen oder in Geschäftsberichten. Kennzahlen bringen die wirtschaftliche und technische Situation von Unternehmen auf den Punkt und zeigen sowohl die Stärken als auch die Schwächen.

Wenn sich Literatur mit dem Thema „betriebliche Kennzahlen" beschäftigt, handelt es sich häufig um komplexe Werke. Da bleibt im Berufsalltag kaum Zeit, diese Informationen zu lesen und zu verarbeiten. Dieses kompakte Buch habe ich für alle geschrieben, die Kennzahlen einsetzen und deren Zeit knapp ist: Praktiker, die sich einen Überblick verschaffen möchten, und Experten, die nur kurz nachschlagen möchten, um ihr Wissen aufzufrischen. Auch Studenten finden eine für ihr Studium wichtige Zusammenfassung der wichtigsten Kennziffern.

Der Vorteil dieses kompakten Formats: Es findet in jeder Tasche Platz und begleitet Sie überall, beispielsweise während einer Reise im Zug oder Flugzeug.

Die gewünschte Information finden Sie schnell: Die Gliederung entspricht betrieblichen Bereichen, sodass jeder Leser direkt in seinem Ressort einsteigen kann, ganz gleich ob er als Einkäufer, Mitarbeiter im Rechnungswesen oder im Produktionsbereich tätig ist.

Bleibt mir nur noch, Ihnen viel Spaß und viel Erfolg mit Ihrer neuen Lektüre zu wünschen.

Susanne Kowalski

Bedeutung: So wichtig sind Kennzahlen und Kennzahlensysteme

Was sind eigentlich betriebliche Kennzahlen und wem nützen sie? Ist das Zusammenstellen von Kennziffern eine lästige Pflicht, oder bieten sie einen echten Mehrwert? Eignen sich Kennzahlen wirklich zur Beurteilung von Sachverhalten, oder reichen Kostenrechnung & Co. aus? Die Palette der Fragen kann beliebig erweitert werden. Eines jedoch bleibt stets gleich: Die meisten Fragen können nicht pauschal beantwortet werden.

Aus der Praxis

Am besten lassen sich die Arbeit mit Kennzahlen und deren Nutzen anhand von Praxisbeispielen erklären. Steigen wir deshalb anhand von drei Praxisbeispielen in den Alltag von Unternehmen ein.

Praxisbeispiel 1

Die Liquiditätsdecke der Seibelt GmbH ist zurzeit dünn. Dabei ist die aktuelle Auftragslage gut. Auch was die künftigen Umsätze anbelangt, hat die Geschäftsführung allen Grund, optimistisch zu sein. Bei der Analyse der Unternehmenskennzahlen ergeben sich folgende Erkenntnisse:

- *Die durchschnittliche Lagerdauer der Materialien ist in der Vergangenheit deutlich gestiegen. Grund: Die Meldebestände für Rohstoffe wurden erhöht. Dadurch wird vermehrt Kapital gebunden.*

- *Mahnungen werden nur noch einmal monatlich geschrieben. Dadurch gehen die Zahlungen säumiger Schuldner deutlich später ein.*
- *Fremdkapital wurde durch Sondertilgungen eines Darlehens abgebaut.*

Aus den Erkenntnissen werden folgende Konsequenzen gezogen:

- *Die Materialdisposition überarbeitet Meldebestände und optimale Bestellmengen.*
- *Mahnungen werden ab sofort wöchentlich geschrieben.*
- *Sondertilgungen werden erst wieder geleistet, wenn die Liquidität es zulässt.*

Praxisbeispiel 2

Die Werner Hauser OHG stellt Zusatzteile für die Automobilindustrie her und ist seit Jahren in der Gewinnzone. Das Unternehmen beschäftigt aktuell 375 Mitarbeiter. Trotz der guten Auftragslage und der damit verbundenen sicheren Arbeitsplätze ist die Fluktuationsquote im Branchenvergleich hoch. In regelmäßigen Abständen geht dem Unternehmen dadurch Know-how verloren. Die Personalverantwortlichen haben Probleme, geeignete Fachkräfte einzustellen. Das vorhandene Personal ist häufig gezwungen, Überstunden zu leisten, um das Arbeitspensum zu schaffen.

Ein Branchenvergleich zeigt: Beim Pro-Kopf-Umsatz weist die Werner Hauser OHG die höchsten Werte aus, dagegen liegt sie mit dem Pro-Kopf-Einkommen je Mitarbeiter deutlich unter dem Durchschnitt. Wenn das Unternehmen dauerhaft zufriedene Arbeitnehmer beschäftigen will, müssen Löhne und Gehälter auf einem akzeptablen Niveau gezahlt werden. Kompensiert werden können die dadurch entstehenden

Kosten durch wegfallende Überstunden und wegfallende Überstundenzuschläge sowie durch den Wegfall der nicht unerheblichen Kosten, die durch das Einstellen von Personal entstehen.

Praxisbeispiel 3

Die Firma Maier GmbH beschäftigt 72 Mitarbeiter und stellt Einbaumöbel her, die überwiegend an Endkunden veräußert werden. Seit Jahren führt die Vertriebsabteilung des Unternehmens ein Angebotsbuch, in dem alle erstellten Angebote erfasst werden. In einem Auftragsbuch werden alle eingehenden Aufträge vermerkt. Nachdem die Auftragslage rückläufig ist, stellt der Geschäftsführer des Unternehmens die Anzahl der Angebote der Anzahl der Aufträge für die letzten drei Jahre quartalsweise gegenüber. Er stellt dabei fest, dass die Zahl seit etwa einem Jahr rückläufig ist. Hatte die Quote „Aufträge im Vergleich zu Angeboten" zuvor bei rund 52 % gelegen, ist sie heute mit 36 % deutlich niedriger.

Die Geschäftsführung geht der Sache auf den Grund: Vor einem Jahr schied Herr Müller, der für das Erstellen der Angebote zuständig war, aus Altersgründen aus dem Unternehmen aus. Herr Müller fasste bei allen von ihm erstellten Angeboten, für die er innerhalb von zehn Tagen keinen Auftrag erhalten hatte, telefonisch beim Kunden nach. In diesen Gesprächen konnte er oftmals Unklarheiten ausräumen oder preislich attraktive Änderungen anbieten.

Das blieb nicht ohne Erfolg: Aufträge, die vermutlich an die Konkurrenz gegangen wären, konnte er auf diese Weise für die Maier GmbH einholen.

Die Geschäftsführung des Unternehmens konnte mithilfe der Kennzahlen den Rückgang ausmachen und eine darauf basierende Ursachenforschung betreiben. Der Nachfolger von Herrn Müller muss künftig ebenfalls das Gespräch mit dem Kunden suchen und wird entsprechend geschult.

Betriebliche Kennziffern

Betriebliche Kennziffern basieren auf betrieblichen Daten bzw. Zahlen aus dem betrieblichen Umfeld. Sie dienen der Steuerung des Unternehmens und geben als eine Art Messlatte Auskunft darüber, ob Ziele erfüllt wurden oder nicht. Mit ihrer Hilfe lassen sich inner- und zwischenbetriebliche Vergleiche durchführen, Zusammenhänge erklären und das Betriebsergebnis kontrollieren. Anders ausgedrückt: Kennzahlen bringen die wirtschaftliche und technische Situation eines Unternehmens auf den Punkt und zeigen dessen Stärken und Schwächen. Damit dürfte eines klar sein: Kennzahlen haben durchaus eine Daseinsberechtigung.

Kennzahlen werden – besonders wenn sie Positives darlegen – immer wieder gerne eingesetzt: ganz gleich ob für interne Besprechungen, für externe Termine mit Banken und Investoren, auf Konferenzen oder in Geschäftsberichten.

Kennzahlen zeigen schnell und prägnant:

- Erfolg und Misserfolg wirtschaftlichen Handelns,
- Auffälligkeiten und Veränderungen sowie
- wichtige Einzelinformationen.

Beispiel: Erfolg und Misserfolg

Mit Aussagen wie „Unser Gewinn betrug im vergangenen Jahr 7 Mio. EUR. Das entspricht einer Eigenkapitalrentabilität von 12 %. Damit konnte die Rentabilität des vergangenen

Jahres noch einmal um 3,5 Punkte verbessert werden" bringen Kennzahlen Fakten auf den Punkt. Es wird ganz deutlich: Hier wurde erfolgreich gearbeitet!

Beispiel: Auffälligkeiten und Veränderungen

Die Personalfluktuation betrug im vergangenen Jahr 12 %. Dieser Wert ist damit dreimal so hoch wie in den vergangenen Jahren. Diese Veränderung zeigt, dass hier etwas im Argen liegt, dem nachgegangen werden muss.

Beispiel: Einzelinformationen

Die Liquidität ersten Grades liegt bei 20 %. Diese Zahl sagt aus: Die Liquiditätsdecke ist dünn. Dazu später mehr.

Einsatzgebiete

Das Einsatzgebiet von Kennzahlen ist vielschichtig: Marktanteile, Werbeerfolge, Zusammenhänge zwischen Kosten und Erlösen, Liquidität, Personalzusammensetzung und vieles mehr können als Kennzahlen dargestellt werden.

Zieldefinition

Ein weiterer wichtiger Aspekt bei der Arbeit mit Kennzahlen ist die Zieldefinition. Kennziffern können eine Messlatte sein. Sie stellen damit ein wichtiges Instrument zur Steuerung und Führung eines Unternehmens dar. Kennzahlen können also ein Ziel definieren, das es zu erreichen gilt. Im Rahmen dieser Zieldefinition geht es nicht um Absichten oder Visionen, sondern um klare Vorstellungen.

Ein Beispiel aus dem Alltag:

Ein Übergewichtiger hat den Wunsch, schlank zu werden. Das Ziel lautet: Innerhalb von neun Monaten specke ich 15 kg ab.

Ein Beispiel aus der Unternehmenspraxis:

Der Geschäftsführer hat die Vision, dass die Mitarbeiter des Unternehmens mit Ihrem Arbeitsplatz und den Arbeitsbedingungen zufrieden sein sollen. Das Ziel lautet: Bei der Mitarbeiterbefragung im kommenden Jahr sind 95 % der Beschäftigten zufrieden.

!

So sollen Ziele aussehen

Beide Ziele sind nachprüfbar bzw. messbar: Die Nachprüfbarkeit ist ein wichtiges Kriterium, das ein Ziel erfüllen sollte. Darüber hinaus sollte ein Ziel erreichbar – also realistisch – sein.

Wichtig außerdem: Das Ziel muss eindeutig formuliert werden. Hier kommen die Kennzahlen ins Spiel: Mithilfe von Kennziffern lassen sich Ziele konkret definieren und vor allem messbar machen.

Unternehmensbeispiele:

„Unser Ziel war eine Eigenkapitalrentabilität von 15 %. Dieses Ziel konnte mit 12,5 % nicht realisiert werden." Oder: „Wir haben eine Frauenquote von 40 % angestrebt. Mit 41 % liegen wir knapp über der Vorgabe."

Von Kennzahlen zum Kennzahlensystem

Eine Vielzahl an betriebswirtschaftlichen Kennzahlen, die in irgendeiner Form miteinander verknüpft sind, wird als Kennzahlensystem bezeichnet. Die Verknüpfung ermöglicht es, dass umfassend über bestimmte Sachverhalte informiert werden kann. Kennzahlen werden in diesem Zusammenhang als Informationssystem eingesetzt, darüber hinaus sollen sie die Verantwortlichen bei der Planung, Kontrolle und Steuerung eines Betriebs unterstützen.

Geschichtliches

Bereits 1919 wurde das erste Kennzahlensystem, das Du-Pont-Schema, angewendet. Es gilt als Grundsystem der Kennzahlensysteme, da es die Basis zahlreicher Kennzahlensysteme bildet.

Aussagekraft von Kennzahlensystemen

Einzelne Kennzahlen haben für sich betrachtet in der Regel nur eine begrenzte Aussagekraft. Deshalb sollten Kennzahlen nicht isoliert betrachtet werden. Möchte man einen Sachverhalt mithilfe von Kennzahlen beurteilen, müssen häufig weitere Informationen, Erkenntnisse und weitere Kennzahlen herangezogen werden. Wenn ergänzende und gegenseitig abhängige Kennzahlen in einem System zusammengefasst werden, steigt die Aussagefähigkeit. Auf diese Weise werden die Kennzahlen zu einem wirklich effektiven Hilfsmittel. Gute Dienste leisten sie unter anderem bei der

Vorbereitung von Entscheidungen, beim Aufzeigen von Problemen sowie bei Soll-/Ist-Vergleichen, egal ob als Kosten- oder Zeitvergleich.

Die Kennzahlen eines Kennzahlensystems können auf unterschiedliche Art zueinander in Beziehung stehen:

- logische Beziehung
- empirische Beziehung
- hierarchische Beziehung

Eine logische Beziehung ergibt sich auf der Basis mathematisch-logischer Zusammenhänge (z. B. mehr Personal verursacht höhere Personalkosten).

Empirische Beziehungen kristallisieren sich in erster Linie durch Analysen heraus (z. B. die Mitarbeiterzufriedenheit wirkt sich positiv auf den Erfolg – sprich den Gewinn – des Unternehmens aus).

Bei hierarchischen Beziehungen lassen sich Kennzahlen in eine bestimmte Rangfolge bringen (z. B. Liquidität 1. Grades, 2. Grades, 3. Grades).

Anforderungen an ein gutes Kennzahlensystem

Ganz gleich wie umfangreich ein Kennzahlensystem ist oder auf welchem Bereich der Schwerpunkt liegt, folgenden Anforderungen sollte jedes Kennzahlensystem gerecht werden:

- Aktualität: Die Zahlen sollten aktuell bzw. zeitnah zur Verfügung stehen.

- Standardisierung: Die Methode, nach der die Zahlen berechnet bzw. hergeleitet werden, ist stets identisch. Nur so ist gewährleistet, dass die Zahlen vergleichbar sind.
- Genaue Definition: Es wird mit einer konkreten und korrekten Formel gearbeitet.
- Flexibilität: Das Kennzahlensystem kann jederzeit erweitert oder reduziert werden.
- Eindeutige Zielsetzung: Der Einsatzbereich des Kennzahlensystems ist bekannt.
- Aufgabenstellung: Der Nutzen der einzelnen Kennzahlen ist bekannt.
- Umsetzung: Das System ist mit überschaubaren Mitteln umsetzbar, das heißt, der Aufwand zur Erstellung der Kennzahlen steht im Verhältnis zu den Aussagen.
- Ausschluss von Fehlinterpretationen: Die Aussagekraft der Kennzahlen ist eindeutig.

Auf den Punkt gebracht

Einsatzbereiche im Überblick

Hier die Einsatzbereiche von Kennzahlen und Kennzahlensystemen auf einen Blick:

- Kennzahlen als Informationssystem
- Kennzahlen als Frühwarnsystem
- Kennzahlen als Steuerungselement

Ohne Fleiß kein Preis

Das Bilden von Kennzahlen ist arbeitsintensiv und nimmt dementsprechend viel Zeit in Anspruch. Deshalb sollten Sie sich über eines im Vorfeld im Klaren sein:

Die Arbeit mit Kennzahlen ist nur dann sinnvoll, wenn Sie Konsequenzen aus ihnen ziehen, das heißt, wenn Sie auf die Kennzahlen reagieren. Ansonsten können Sie sich den Aufwand sparen.

> ***Beispiel***
>
> *Wenn eine Mitarbeiterbefragung ergibt, dass 25 % der Beschäftigten unzufrieden mit dem Unternehmen oder ihren Vorgesetzten sind, muss die Firma bereit sein, an der Mitarbeiterzufriedenheit zu arbeiten. Ohne Maßnahmen ist die Kennzahl wertlos.*

Ob eine Kennzahl Positives oder Negatives bedeutet, kann möglicherweise nur dann beurteilt werden, wenn Vergleichswerte herangezogen werden. Einzelne Kennzahlen dürfen in der Regel also nicht isoliert, sondern müssen stets im Zusammenhang mit anderen Erkenntnissen betrachtet werden. Genau das bedeutet noch mehr Arbeit.

> ***Beispiel***
>
> *Bei einem Gewinn von 500.000 EUR und einem Eigenkapital von 5.000.000 EUR liegt die Eigenkapitalrentabilität bei 10 %. Vergleichen können Sie die Eigenkapitalrentabilität mit den Zinsen, die eine Bank bei einer entsprechenden Geldanlage zahlen würde. Um eine Eigenkapitalrentabilität von 10 % zu erreichen, müsste die Bank 10 % Zinsen zahlen.*

Nach diesem Vergleich scheint die Eigenkapitalrentabilität auf den ersten Blick sehr gut zu sein.

Die Aussagekraft der Zahl wird deutlich erhöht, wenn Sie neben dem Vergleich mit den Bankzinsen noch Vergangenheitswerte hinzuziehen: Lag die Eigenkapitalrentabilität im vergangenen Jahr bei 12 % und vor zwei Jahren bei 13 %, ist sie rückläufig und im Vergleich zu den vorangegangenen Jahren nicht positiv zu bewerten.

Geeignete Vergleichsbasis

Allgemeingültige Aussagen, wann welche Vergleichsbasis hinzuzuziehen ist, gibt es nicht. Hier ist Fingerspitzengefühl gefragt. Grundsätzlich sind Sie auf der sicheren Seite, wenn Sie sowohl mit Branchenzahlen als auch mit Vergangenheitswerten arbeiten. Im Zusammenhang mit einer Analyse und Ursachenforschung kann es darüber hinaus notwendig sein, weitere Kennzahlen zu bilden. Auch das bedeutet zusätzlichen Arbeitsaufwand.

Auf den Punkt gebracht

Nutzen von Kennzahlen und Kennzahlensystemen

Kennzahlen bieten folgenden allgemeinen Nutzen:

- Kennzahlen zeigen Auffälligkeiten und Veränderungen, zum Beispiel, ob die Kosten im Vergleich zum Umsatz in den letzten Jahren gestiegen oder zurückgegangen sind.
- Kennzahlen geben Auskunft über Erfolg und Misserfolg, zum Beispiel ob die Gewinne steigen oder fallen.

- Kennzahlen bringen schnell und prägnant wichtige Einzelinformationen auf den Punkt, zum Beispiel ob die Firma sich in der Gewinn- oder Verlustzone befindet.
- Kennzahlen bieten einen Vorteil gegenüber absoluten Werten. Entwicklungen und Verhältnisse werden transparenter als beim Vergleich absoluter Werte. Beispielsweise muss ein steigender Schuldenstand kein Warnsignal sein, wenn das Eigenkapital im gleichen Zeitraum ebenfalls zunimmt.
- Kennzahlen stellen Kontrollmöglichkeiten bereit, zum Beispiel wenn Sie ein Umsatz- oder Renditeziel messen wollen.
- Kennzahlen fungieren als Frühwarnsystem, indem sie Risiken aufzeigen, zum Beispiel wenn Ihr Verschuldungsgrad zunimmt.
- Kennzahlen ermöglichen es, Risiken einzuschätzen und Gegenmaßnahmen einzuleiten. Zum Beispiel: Ergreifen von Maßnahmen im Falle eines Umsatzrückgangs.
- Kennzahlen haben eine Dokumentations- und Informationsfunktion und bieten damit eine Orientierungshilfe.

Unterscheidungsmerkmale von Kennzahlen

In der Praxis gibt es verschiedene Kriterien, nach denen Kennzahlen unterschieden werden. Häufig wird zwischen absoluten und relativen Kennzahlen differenziert.

Absolute und relative Kennzahlen

Absolute Kennzahlen zeigen absolute Daten, zum Beispiel den Gewinn oder Verlust eines Unternehmens oder eine bestimmte Größe, an. Beispiel: Die Stadt München hatte im Jahr 2012 1,378 Mio. Einwohner.

Bei relativen Kennzahlen geht es um Anteile bzw. Verhältnisse. Beispiel: München hat rund 25 % mehr Einwohner als Köln. Relative Kennzahlen werden weiter untergliedert in:

- Gliederungskennzahlen
- Beziehungskennzahlen
- Indexkennzahlen
- zielbezogene Kennzahlen
- objektbezogene Kennzahlen

Gliederungskennzahlen

Bei den Gliederungskennzahlen werden vergleichbare Zahlengrößen in ein Verhältnis zueinander gesetzt. Das kann zum Beispiel das Verhältnis von der Summe der Material-

oder Personalkosten zum Gewinn oder Umsatz sein. Häufig wird bei Gliederungszahlen der Teil eines Ganzen gezeigt.

Beispiel: Rund 22 % der Bevölkerung Deutschlands leben in Nordrhein-Westfalen.

Im betrieblichen Bereich setzt beispielsweise die Fremdkapitalquote das Fremdkapital ins Verhältnis zum Gesamtkapital und stellt somit eine typische Gliederungszahl dar.

Beziehungskennzahlen

Bei den Beziehungskennzahlen wird ein Verhältnis zweier Größen gebildet. Dabei stehen die Größen in einem sachlichen Zusammenhang, wie zum Beispiel Deckungsbeitrag und Artikelgruppe oder Mitarbeiter und Umsatz. Ein praxisrelevantes Beispiel für eine Beziehungszahl sind der Anlagendeckungsgrad I und II, die in Kapitel „Kennzahlen des Rechnungswesens“ im Abschnitt „Bilanzkennzahlen“ im Rahmen der „Liquiditätskennzahlen“ näher erläutert werden.

Indexkennzahlen

Indexkennzahlen zeigen die durchschnittliche Veränderung im Zeitablauf. Beispiele sind der Preissteigerungsindex oder im betrieblichen Bereich die Entwicklung des Umsatzes bzw. der Produktions- und Absatzzahlen der vergangenen Jahre. Das bedeutet: Über Indexzahlen werden gleiche Zahlen verschiedener Zeiträume verglichen. Darüber hinaus wird ermittelt, um wie viel Prozent sich ein bestimmter Wert im Zeitablauf geändert hat.

Ziel- und objektbezogene Kennzahlen

Zielbezogene Kennzahlen zielen in erster Linie auf die Differenzierung von Erfolgs- oder Rentabilitätskennzahlen ab. Objektbezogene Kennzahlen sind Kennzahlen eines bestimmten Betriebsbereiches, beispielsweise einzelner Filialen, Verkaufsgebiete, Produktgruppen oder Ähnliches.

Verhältnis- und Richtzahlen

Weiter können Kennzahlen zwischen Verhältnis- und Richtzahlen unterschieden werden.

Verhältniszahlen

Verhältniszahlen zeigen das Verhältnis zweier absoluter Kennzahlen zueinander, beispielsweise der Gewinn des Vorjahres im Vergleich zum Gewinn des aktuellen Geschäftsjahres. In diesem Zusammenhang werden ebenfalls Gliederungszahlen, Beziehungszahlen und Indexzahlen unterschieden.

Richtzahlen

Bei Richtzahlen wird das Datenmaterial des eigenen Unternehmens mit den branchenspezifischen Zahlen verglichen.

Strategische und operative Kennzahlen

Darüber hinaus wird bei den Kennzahlen zwischen strategischen und operativen Kennzahlen unterschieden.

Strategische Kennzahlen

Eine strategische Kennzahl ist zum Beispiel der absolute oder relative Marktanteil. Hier besteht ein Zusammenhang mit den Möglichkeiten, die ein Unternehmen im Vergleich zur Konkurrenz hat. Man kann auch sagen, dass strategische Kennzahlen sogenannten Potenzialprofilen entsprechen. In einem solchen Fall handelt es sich zum Beispiel um eine Punktesumme, die mit einem Mitbewerber am Markt in Verbindung gebracht wird. Hierbei werden Noten, ähnlich wie Schulnoten, erarbeitet: Wie sehen Sie das eigene Unternehmen im Vergleich zu Mitbewerbern oder zum Branchendurchschnitt?

Beispiel: Beurteilung der Produktpalette

Beurteilt werden die Produktpalette, das Image und der Service von Unternehmen. Der Branchenbeste erhält in jeder Kategorie 9 von 10 möglichen Punkten, insgesamt 27 Punkte für die drei Bewertungskriterien. Das eigene Unternehmen wird beim Service mit 10 Punkten bewertet. Für die Produktpalette und das Image gibt es nur jeweils 4 Punkte.

Fazit: Mit 18 Gesamtpunkten erreicht das Unternehmen nur zwei Drittel der Punkte des Branchenbesten. Es besteht erheblicher Handlungsbedarf in den Kategorien Produktpalette und Image.

Beispiel: Absoluter und relativer Marktanteil

Eine Kennzahl im Zusammenhang mit dem Marktanteil ist eine strategische Kennzahl. Sie hat mit den Kompetenzen des eigenen Unternehmens im Vergleich zum Wettbewerb zu tun.

Bei der Planung der Marktbearbeitung muss zwischen Marktwachstum und Marktanteil unterschieden werden. Wächst der Markt, so wachsen die einzelnen Anbieter in der Regel mit. In diesem Zusammenhang kann sich ein Unternehmen zum Ziel setzen, den Marktanteil zu erhöhen. Das bedeutet gleichzeitig, dass das Unternehmen einem oder mehreren Konkurrenten Marktanteil wegnehmen muss.

Potenzialprofil

In diesem Zusammenhang ist ein Potenzialprofil mit seinen Kennzahlen ein wichtiges Instrument zur Gewinnung von Aussagen:

Was bedeutet ein Marktanteil von 8 %? Ist das relativ hoch oder relativ niedrig?

Hat der Marktführer 16 %, so entspricht der eigene relative Marktanteil der Hälfte.

Abbildung 1 zeigt eine Tabelle, die sowohl absolute als auch relative Marktanteile berücksichtigt. Das Gesamtvolumen des Marktes entspricht 2.000 Einheiten.

Die Anteile der einzelnen Unternehmen werden in der Spalte *Marktanteil in Einheiten* geführt. Sie ergeben sich aus dem

Absoluter und relativer Marktanteil nach Menge

Wettbewerb		Prozentualer Marktanteil	Relativer Marktanteil
Eigenes Unternehmen	200	10 %	0,28
A	500	25 %	0,69
B	720	36 %	1,00
C	220	11 %	0,31
Sonstige	360	18 %	0,50
Gesamt	**2000**	**100 %**	

Abb. 1: Absoluter und relativer Marktanteil nach Menge

Produkt des gesamten Marktvolumens mit dem prozentualen Marktanteil. Übrigens: Im Zusammenhang mit Marktanteilen empfiehlt sich eine Visualisierung des Datenmaterials in Diagrammform (siehe Abbildung 2).

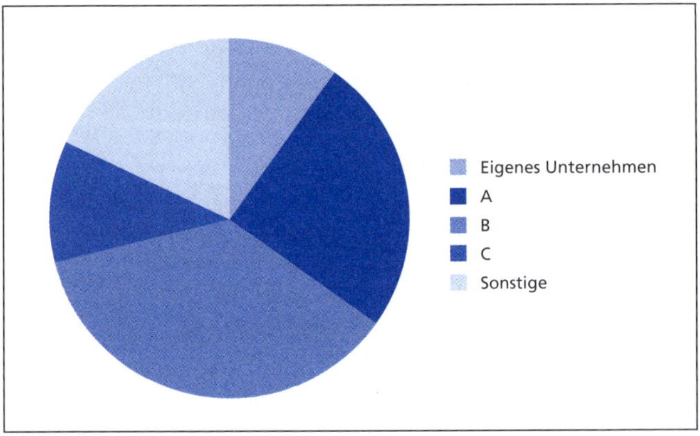

Abb. 2: Darstellung der Daten als Kreisdiagramm

Operative Kennzahlen

Wie die Bezeichnung bereits vermuten lässt, geht es bei operativen Kennzahlen um das operative Geschäft. In diesem Zusammenhang werden beispielsweise Fragen nach dem täglichen Output gestellt. Sobald die Kennzahl bekannt ist, können Sie sich um eine Optimierung bemühen. Im Klartext bedeutet das, sich Fragen zu stellen und nach Antworten zu suchen. In Bezug auf die tägliche Ausbringungsmenge können das beispielsweise folgende Fragen sein:

- Können wir die tägliche Produktionsmenge erhöhen?
- Mit welchen Maßnahmen können wir die Ausbringungsmenge steigern?

Betriebswirtschaftliche Bereiche

In der Betriebswirtschaft gibt es eine Vielzahl von Kennzahlen. Den Kennzahlen, die sich aus den Daten des Rechnungswesens ergeben, kommt eine besondere Bedeutung zu. Im Bereich des Rechnungswesens, der Buchhaltung und des Controllings wird in der Praxis häufig mit folgenden Kennzahlengruppen gearbeitet:

- Bilanzkennzahlen
- Rentabilitätskennzahlen
- Liquiditätskennzahlen

! *Controlling-Instrument*

Kennzahlen sind im Bereich des Controllings ein beliebtes Werkzeug.

Über den Bereich des Rechnungswesens hinaus gewinnen auch andere Kennzahlen zunehmend an Bedeutung. Sie orientieren sich an den betrieblichen Bereichen. Somit werden unter anderem unterschieden:

- Marketing- und Vertriebskennzahlen
- Personalkennzahlen
- Lagerkennzahlen
- Einkaufskennzahlen
- Produktionskennzahlen
- Investitionskennzahlen

Auf den Punkt gebracht

Häufig wird zwischen absoluten und relativen Kennzahlen differenziert.

Relative Kennzahlen werden weiter untergliedert in:

- Gliederungskennzahlen
- Beziehungskennzahlen
- Indexkennzahlen
- zielbezogene Kennzahlen
- objektbezogene Kennzahlen

Weiter wird unterschieden zwischen

- strategischen Kennzahlen und
- operativen Kennzahlen.

Nach betrieblichen Bereichen wird wie folgt differenziert:

- Kennzahlen des Finanz- und Rechnungswesens
- Marketing- und Vertriebskennzahlen
- Personalkennzahlen
- Lagerkennzahlen
- Einkaufskennzahlen
- Produktionskennzahlen
- Investitionskennzahlen

Bilden von Kennzahlen: Datenbasis und Quellen

Eigentlich ist das Bilden von Kennzahlen kein Problem. Einfach die richtige Formel auswählen (Literatur zu diesem Thema gibt es genug), Zahlen einsetzen, rechnen – fertig. Woher aber stammen die Zahlen, die in die Formeln eingesetzt werden, und wie häufig müssen sie gebildet werden?

Datenbasis: Hier finden Sie die Berechnungsgrundlagen

Ein Großteil der betriebswirtschaftlichen Kennzahlen wird auf der Basis der Zahlen der Buchhaltung also aus Bilanz und Gewinn-und-Verlust-Rechnung sowie aus den Nebenbüchern der Buchhaltung gewonnen. Unternehmen, die über eine Kostenrechnung verfügen, finden wichtige Daten auch in den Kostenstellen- und Kostenträgerblättern.

Doch nicht nur das Rechnungswesen ist eine ergiebige Fundgrube für geeignetes Grundlagenmaterial. Daten finden Sie praktisch im ganzen Unternehmen. Auftragsbücher, Personalstatistiken, Lagerlisten usw. haben – richtig ausgewertet – oft eine immense Aussagekraft. Sie werden häufig auch im Rahmen der Ursachenforschung benötigt. Vergleichen Sie dazu auch Tabelle 1, die einige ausgewählte Kennzahlen und deren Quelldaten vorstellt.

Kennzahlengruppe	Kennzahl	Quelldaten
Bilanz	Vermögens-konstitution	Bilanz
	Anlagenintensität	Bilanz
	Umlaufintensität	Bilanz
	Eigenkapitalquote	Bilanz
	Verschuldungsgrad	Bilanz
	Anspannungsgrad	Bilanz
Rentabilität	Eigenkapitalrenta-bilität	Bilanz
	Gesamtrentabilität	Bilanz, Konten der Buchhaltung
	Umsatzrentabilität	Bilanz, Konten der Buchhaltung
	Return on Invest-ment (ROI)	Umsatzrendite, Kapitalumschlag
Liquidität	Liquidität 1. Grades	Bilanz, Konten der Buchhaltung (flüssige Mittel umfassen Kas-senbestände und Bankguthaben, die Ihnen sofort zur Verfügung stehen)
	Liquidität 2. Grades	Bilanz, Konten der Buchhaltung
	Liquidität 3. Grades	Bilanz, Konten der Buchhaltung

Kennzahlengruppe	Kennzahl	Quelldaten
Marketing/Vertrieb	Erfolgsquote Angebote/Aufträge	Angebotsbücher, Auftragsbücher
	Verhältnis Kunden/ Auftrag	Auftragsbücher, Kundenliste
	durchschnittliche Auftragsgröße	Auftragsbücher
Personal	Pro-Kopf-Umsatz	Personalliste, Konten der Buchhaltung, Umsatz
	Personalkosten je Mitarbeiter	Personal-, Lohn- und Gehaltslisten
	Lohnquote	Lohn- und Gehaltslisten, Konten der Buchhaltung
Lager	durchschnittlicher Lagerbestand (Jahresdurchschnitt, Monatsdurchschnitt)	Bilanz, Lagerlisten
	Lagerumschlagshäufigkeit	Lagerlisten Roh- und Hilfsstoffe, Kennzahl durchschnittlicher Lagerbestand
	durchschnittliche Lagerdauer	Lagerumschlagshäufigkeit
Einkauf	durchschnittlicher Einkaufswert	Wareneinsatz aus Buchhaltung, Lieferantenlisten

Kennzahlengruppe	Kennzahl	Quelldaten
	Bezugskosten-quote	Rechnungen und Konten der Buchhaltung
	Kreditoren-umschlag	Konten der Buchhaltung
	durchschnittliches Kreditorenziel	Kreditoren-umschlag

Tab. 1: Wichtige Kennzahlen und ihre Quelldaten

Die Informationsflut steuern

Datenmaterial steht in jedem Unternehmen in großem Umfang zur Verfügung. In diesem Zusammenhang muss folgende Problematik geklärt werden: „Wie erreicht man durch optimale Organisation auch in kleinen Unternehmen, dass alle zur Bildung von Kennzahlen wichtigen Informationen an zentraler Stelle zusammenlaufen?"

!

Lückenlos und überschneidungsfrei

Wenn Sie Kennzahlen zusammenstellen, ist es wichtig, die Zahlen lückenlos und überschneidungsfrei auszuweisen.

Doppeltes Erfassen vermeiden

Mit nur wenigen Informationen können Sie verschiedene Kennzahlen bilden – deshalb ist es wichtig, die Zahlen nicht doppelt oder gar mehrfach zu erfassen. Zum Beispiel wird der Jahresumsatz bei den unterschiedlichsten Kennzahlenkategorien, wie Rentabilitäts- und Personalkennzahlen, benötigt. Grundsätzlich bietet es sich an, eine Liste mit dem benötigten Datenmaterial zu erstellen und diese zur Bildung der Kennzahlen heranzuziehen.

Verantwortung

Die Verantwortung für die Kennzahlen sollte bei einem Mitarbeiter bzw. einer Mitarbeiterin und dessen/deren Stellvertreter/in liegen. Diesen werden die Grundlagen zur Bildung der Kennzahlen gemeldet. Nachdem die Datenbasis vorliegt, kann der Verantwortliche die Kennzahlen bilden. Dabei bietet es sich an, die Zahlen nach Möglichkeit zentral, beispielsweise in einer Excel-Tabelle, abzulegen und innerhalb dieser Tabelle die gewünschten Kennzahlen zu bilden.

So häufig sollten Sie Kennzahlen bilden

In der Praxis müssen Kennzahlen unterschieden werden, die nur einmal jährlich gebildet werden, und solche, die in regelmäßigen Abständen – entweder monatlich oder quartalsweise – ermittelt werden. Nur so können sie ihrer Funktion als Frühwarnsystem gerecht werden.

Faustregel

Als Faustregel gilt: Kennzahlen, die sich häufig ändern, wie beispielsweise Erfolgsquoten im Marketing oder im Vertriebsbereich, sollten Sie monatlich oder quartalsweise bilden. Beachten Sie in diesem Zusammenhang, dass die Perioden der verwendeten Werte zueinander passen müssen. Das heißt: Wenn Sie beispielsweise die Umsatzrentabilität für ein bestimmtes Quartal berechnen, müssen sowohl der Gewinn als auch der Umsatz aus dem gleichen Zeitraum stammen.

Ändert sich die Datenbasis wie bei den Bilanzkennzahlen nur selten, etwas bei der Vermögensstruktur oder der Anlagenintensität, ist eine monatliche oder quartalsweise Anpassung in der Regel nicht erforderlich.

Tabelle 2 listet die wichtigsten Grundlagenzahlen zur Bildung von Kennzahlen auf und gibt Auskunft darüber, wie häufig sich die zugrunde liegende Werte in der Regel ändern. Sowohl bei der Datensammlung als auch bei der Zusammenstellung der Kennzahlen sollten Sie eine Differenzierung der Daten nach zeitlichen Gesichtspunkten vornehmen.

Wert	Änderung
Jahresumsatz	jährlich
Monats- bzw. Quartalsumsätze	monatlich, quartalsweise
Anlagevermögen zum Bilanzstichtag	jährlich
Umlagevermögen zum Bilanzstichtag	jährlich

Wert	Änderung
Eigenkapital zum Bilanzstichtag	jährlich
Fremdkapital zum Bilanzstichtag	jährlich
Gewinn laut Bilanz	jährlich
Fremdkapitalzinsen für ein Jahr	jährlich
flüssige Mittel zu einem bestimmten Stichtag	monatlich, quartalsweise
kurzfristige Verbindlichkeiten zu einem bestimmten Stichtag	monatlich, quartalsweise
kurzfristiges Umlaufvermögen zu einem bestimmten Stichtag	monatlich, quartalsweise
Anzahl Angebote zu einem bestimmten Stichtag	monatlich, quartalsweise, ggf. auch wöchentlich
Gesamtwert Auftragseingänge zu einem bestimmten Stichtag	monatlich, quartalsweise, ggf. auch wöchentlich
Anzahl der Kunden	i. d. R. jährlich
durchschnittliche Mitarbeiterzahl	i. d. R. jährlich
Personalkosten für eine bestimmte Periode	monatlich, quartalsweise
Lagerbestandszahlen (Jahresendbestand, Jahresanfangsbestand, Monatsbestände)	jährlich, monatlich, quartalsweise
Lagerabgangszahlen	monatlich, quartalsweise
Wareneinsatz für eine bestimmte Periode	monatlich, quartalsweise
Anzahl der Lieferanten	jährlich

Wert	Änderung
Bezugskosten für eine bestimmte Periode	monatlich, quartalsweise
Materialeinsatz für eine bestimmte Periode	monatlich, quartalsweise
Fremdleistungen für eine bestimmte Periode	monatlich, quartalsweise
Umsatzsteuer für eine bestimmte Periode	monatlich, quartalsweise

Tab. 2: Kennzahlen erstellen ganz einfach: Grundlagenzahlen und die Häufigkeit ihrer Änderung

Informationsquellen

Informationsquellen zu Vergleichszwecken mit den Konkurrenten der Branchen finden Sie zum Teil kostenlos bei Ämtern, Kammern, Berufs- und Branchenverbänden, deren Stärken im Zusammentragen von Zahlenmaterial liegen.

Hier werden Sie fündig:

- veröffentlichte Jahresabschlüsse
- Verbands- und Kammermitteilungen
- Branchenfachzeitschriften
- Tageszeitung
- Pressemitteilungen
- Internet
- Datenbanken

- Bundesanzeiger
- Zentralhandelsregister
- Creditreform
- Kataloge und Prospekte des Unternehmens
- Firmenzeitschriften
- Berufs- und Branchenfachverbände Sparkassen
- Volksbanken und Raiffeisenbanken
- Geschäftsbanken

Beachten Sie in diesem Zusammenhang auch die Adressen in Tabelle 3, über die Sie ebenfalls interessante Daten für Ihre Analysen erhalten.

Institution	Adresse
Institut für Handelsforschung (IfH) Köln	www.ifhkoeln.de
Bundesverband der deutschen Industrie	www.bdi-online.de
Hauptverband des deutschen Einzelhandels	www.einzelhandel.de
Landes-Gewerbeförderungsstelle des nordrhein-westfälischen Handwerks e. V. (LGH) Düsseldorf	www.lgh.de
Industrie- und Handelskammern (IHK)	www.dihk.de (Liste aller IHKs)
Handwerkskammern (HWK)	www.zdh.de (Liste aller HWKs)
Statistisches Bundesamt	www.destatis.de

Institution	Adresse
Bundesfinanzministerium	www.bundesfinanzministeri-um.de
Freie Berufe	www.freie-berufe.de/
Datenbank Fachzeitschriften aus den einzelnen Branchen	www.pressekatalog.de
Fachzeitschriftenportal im Internet	www.zeitschrift-abc.de/
Deutsches Institut für Wirt-schaftsforschung	www.diw.de/deutsch/
Branchenbilder von Gruner und Jahr	www.gujmedia.de/marktdaten/index.html
Axel Springer Verlag	www.mediapilot.de
Focus Medialine	www.medialine.de/

Tab. 3: Interessante Internetadressen für Vergleichsdaten

Hinweis

Die genannten Angebote können gegebenenfalls vom Webseitenbetreiber gestrichen werden.

Auf den Punkt gebracht

Wichtige Informationsquellen für betriebliche Kennzahlen sind:

- Bilanz
- GuV-Rechnung
- Nebenbücher der Buchhaltung
- Konten der Buchhaltung
- Kostenstellen- und Kostenträgerblätter
- Angebots- und Auftragsbücher
- Kundenliste
- Umsatz
- Personal-, Lohn- und Gehaltslisten
- Lagerlisten
- Lieferantenlisten

Kennzahlen des Rechnungswesens

Sie bilden die Gruppe der wohl am häufigsten in Unternehmen gebildeten Kennzahlen: die Finanzkennzahlen. Man muss nicht unbedingt Insider sein, die meisten von uns haben schon einmal Begriffe wie Cashflow, Verschuldungsgrad oder Eigenkapitalquote gehört. Gern werden diese Begriffe auch genutzt, ohne dass diejenigen, die darüber sprechen, genau wissen, was eigentlich detailliert hinter den einzelnen Kennziffern steckt. Hand aufs Herz: Können Sie aus dem Stegreif definieren, wie der Cashflow gebildet wird?

Einzuordnen sind die Finanzkennzahlen – wie sich unschwer vermuten lässt – im Rechnungswesen. Dort werden sie eingesetzt, um die Aussagekraft von Jahresabschlüssen zu untermauern.

Bilanzkennzahlen

Die Bilanzanalyse ist für Bonitätsprüfungen und zur Selbsteinschätzung ein wesentliches Hilfsmittel. Im Rahmen einer Bilanzanalyse werden die einzelnen Bilanzpositionen zur Beurteilung der wirtschaftlichen Situation eines Unternehmens untersucht. Grundlage der Bilanzanalyse ist der Jahresabschluss, zu dem die Bilanz und die Gewinn- und Verlustrechnung (GuV) gehören.

Exkurs: Bilanzen lesen und verstehen

Die Zielsetzung einer Bilanzanalyse kann eine unterschiedliche Ausrichtung haben:

- Kreditgeber möchten an Informationen über die Bonität und Insolvenzwahrscheinlichkeit eines potenziellen Schuldners gelangen.
- Sie interessieren sich als Konkurrent für die finanzielle Lage eines Mitbewerbers.
- Analysten beurteilen die Werthaltigkeit einer Aktie.
- Unternehmer führen die Bilanzanalyse zur Selbsteinschätzung durch.

Der Jahresabschluss gibt jedoch keine klaren Antworten auf die mit den unterschiedlichen Zielen verbundenen Fragestellungen. Ein geübter Analytiker kann aus dem Zahlenmaterial nur nach entsprechender Aufbereitung seine Schlüsse ziehen und Antworten geben. Im Rahmen der Bilanzanalyse wird der Jahresabschluss eines Unternehmens deshalb in einzelne Teile zerlegt, um genauere Aussagen über die Ertrags- und Finanzlage eines Unternehmens zu ermöglichen. Vermögen, Kapital, Finanzierung und Liquidität werden sichtbar.

! *Bilanz versus GuV: Unterschiedliche Aussagen*

Die Bilanz gestattet eine zeitpunktbezogene also statische Analyse, während die GuV eine zeitraumbezogene, dynamische Analyse erlaubt.

Welche Aufgabe haben aber die Bilanzkennzahlen im Rahmen einer Bilanzanalyse?

Vergleich von Jahresabschlüssen

Um einen besseren Einblick in die Entwicklung und die Unternehmenspolitik eines Unternehmens zu erhalten, sollten mindestens drei aufeinanderfolgende Jahresabschlüsse untersucht werden.

Zahlengrundgerüst

Das Zahlengrundgerüst bilden in der Regel folgende Bilanzpositionen:

- Anlagevermögen
- Umlaufvermögen
- Eigenkapital
- Fremdkapital
- Vorräte
- Forderungen
- Verbindlichkeiten
- Gewinn bzw. Verlust
- Fremdkapitalzinsen

Allgemeine Bilanzkennzahlen

Bilanzkennzahlen stehen in einem unmittelbaren Zusammenhang zu einer Bilanzanalyse. Die Kunst der Bilanzanalyse besteht darin, zweckmäßige Kennzahlen auszuwerten. Wichtige Bilanzkennzahlen sind:

- Vermögenskonstitution
- Anlagenintensität
- Umlaufintensität
- Eigenkapitalquote
- Fremdkapitalquote
- Verschuldungsgrad
- Anspannungsgrad
- Vorratsintensität
- Forderungsintensität

Die zugehörigen Formeln und deren Erläuterung entnehmen Sie bitte der Tabelle 4.

Kennzahl	Formel	Erläuterung
Vermögenskonstitution	Anlagevermögen / Umlaufvermögen x 100	Die Kennzahl zeigt die Vermögensstruktur.
Anlagenintensität (Anlagenquote)	Anlagevermögen / Gesamtvermögen x 100	Anteil des Anlagevermögens am Gesamtvermögen: Diese Kennzahl zeigt den Vermögensaufbau. Die Aussagefähigkeit dieser Kennzahl ist begrenzt, da die Bilanz auf der einen Seite nur bilanzierungsfähige

Kennzahl	Formel	Erläuterung
		Vermögensteile enthält und dadurch immaterielle Vermögenswerte nicht impliziert und auf der anderen Seite Vermögensgegenstände nicht mit ihren tatsächlichen Werten angesetzt werden.
Umlaufintensität (Umlaufquote)	Umlaufvermögen / Gesamtvermögen x 100	Anteil des Umlaufvermögens am Gesamtvermögen: Eine hohe Umlaufintensität kann ggf. aus einem hohen Lager- und Forderungsbestand resultieren.
Umschlagsdauer des Vorratsvermögens	durchschnittliche Vorräte / Umsatz x 365	Informiert darüber, wie viele Tage das zur Finanzierung der Vorräte gebundene Kapital durchschnittlich im Unternehmen verbleibt. Eine geringe Umschlagsdauer ist aufgrund folgender Aspekte positiv zu bewerten:

Kennzahl	Formel	Erläuterung
		geringere Kapitalbindung niedrigere Lagerkosten
Eigenkapitalquote	Eigenkapital / Gesamtkapital x 100	Je höher ein Unternehmen mit Eigenkapital ausgestattet ist, desto weniger krisenanfällig ist es.
Fremdkapitalquote	Fremdkapital / Gesamtkapital x 100	Ein hoher Fremdkapital-Anteil bedeutet eine hohe Zinsbelastung und damit Möglichkeiten der Einflussnahme von Kapitalgebern auf Entscheidungen.
Verschuldungsgrad	Fremdkapital / Eigenkapital x 100	Zeigt das Verhältnis von Eigen- zu Fremdkapital.
Vorratsintensität	Vorräte / Gesamtvermögen x 100	Anteil der Vorräte am Gesamtvermögen: Die Kennzahl zeigt, in welchem Maße Finanzmittel in Vorräten gebunden sind. Steigt die

Kennzahl	Formel	Erläuterung
		Vorratsintensität, ist das ein Hinweis, dass mehr Kapital gebunden wird. In der Regel stehen dann weniger liquide Mittel zur Verfügung. Eine steigende Vorratsintensität kann auch auf Absatzschwierigkeiten hindeuten.
Forderungsintensität	Forderungen / Gesamtvermögen x 100	Anteil der Forderungen am Gesamtvermögen
Umschlagshäufigkeit des Anlagevermögens	(Abschreibungen des Sachanlagevermögens + Abgänge des Sachanlagevermögens) / durchschnittlicher Bestand des Sachanlagevermögens x 100	Informiert über die Bindungsdauer des Vermögens.
Umschlagshäufigkeit des Umlaufvermögens	Umsatz / durchschnittliches Umlaufvermögen x 100	Informiert über die Bindungsdauer des Vermögens, hier: Umlaufvermögen.

Kennzahl	Formel	Erläuterung
Anspannungsgrad	Fremdkapital / Gesamtkapital x 100	Zeigt den prozentualen Anteil des Fremdkapitals am Gesamtkapital – quasi die spiegelbildliche Kennzahl der Eigenkapitalquote.

Tab. 4: Wichtige Bilanzkennzahlen im Überblick

!

Goldene Bilanzregeln

So sollten die Werte aussehen:

(Eigenkapital + langfristiges Fremdkapital) /

Anlagevermögen ≥ 1

Erweitert:

(Eigenkapital + langfristiges Fremdkapital) /

(Anlagevermögen + langfristiges Umlaufvermögen) ≥ 1

Klassische Rentabilitätskennzahlen

Auch Rentabilitätskennzahlen gehören zu den Bilanzkennzahlen. Sie zielen, wie der Name bereits andeutet, auf die Rentabilität der Unternehmen ab.

Ziel eines Unternehmens ist es – in der Regel –, Gewinne zu erzielen. Der Gewinn allein hat aber nur eine beschränkte Aussagekraft im Hinblick auf die Ertragslage eines Unternehmens. Rentabilitätskennzahlen zeigen das Verhältnis von Gewinn zum Eigen-, Gesamtkapital oder Umsatz und messen die Ertragskraft des Unternehmens.

Die wichtigsten Rentabilitätskennzahlen sind:

- Eigenkapitalrentabilität
- Gesamtrentabilität
- Umsatzrentabilität

Die Formeln und deren Erläuterung finden Sie in der nachfolgenden Tabelle:

Bezeichnung	Formel	Erläuterung
Eigenkapitalrentabilität	Gewinn / Eigenkapital x 100 Alternativ: (Jahresüberschuss + Steuern vom Einkommen und Ertrag) / Eigenkapital x 100	Die Rentabilität zeigt, in welcher Höhe sich das Kapital in einer Abrechnungsperiode verzinst. Setzen Sie den Gewinn ins Verhältnis zum Eigenkapital, ergibt sich die Eigenkapitalrentabilität. Bei einem Gewinn von z. B. 1.000.000 € und einem Eigenkapital von 10.000.000 € liegt die Eigenkapitalrentabilität bei 10 %. Vergleichen können Sie die Eigenkapitalrentabilität mit den Zinsen, die Sie von der Bank erhalten. Um eine Eigenkapitalrentabilität von 10 % zu erreichen, müsste die Bank 10 % Zinsen zahlen.

Bezeichnung	Formel	Erläuterung
Gesamt-rentabilität	(Gewinn + Fremdkapitalzinsen) / Gesamtkapital x 100 Alternativ: (Jahresüberschuss + Steuern vom Einkommen und Ertrag + Fremdkapitalzinsen) / Gesamtkapital x 100	Die Gesamtrentabilität gibt die Verzinsung des Eigen- und Fremdkapitals an.
Umsatz-rentabilität	Gewinn / Umsatz x 100 Alternativ: Betriebsergebnis / Umsatz x 100 Brutto-Umsatzrentabilität: (Gewinn + Fremdkapitalzinsen) / Umsatz x 100	Die Umsatzrentabilität analysiert das Verhältnis von Umsatz und Gewinn. Anders ausgedrückt: Beziehen Sie den Gewinn nicht auf das Kapital, sondern auf den Umsatz, ergibt sich die Umsatzrentabilität.
Betriebs-rentabilität	Betriebsergebnis / betriebsnotwendiges Kapital x 100	Mithilfe dieser Formel wird das neutrale Ergebnis ignoriert.

Tab. 5: Wichtige Rentabilitätskennzahlen im Überblick

Betriebsergebnis

Das Betriebsergebnis entspricht dem operativen Ergebnis vor Zinsen und Steuern und heißt auch *Earnings before Interest and Taxes*, kurz EBIT. Anders ausgedrückt: Zinsen und Ertragsteuern bleiben unberücksichtigt:

Umsatzerlöse
+ sonstiger betrieblicher Ertrag
– Materialaufwand
– Personalaufwand
– Abschreibungen
– sonstiger betrieblicher Aufwand
+ Erträge aus Finanzanlage
= EBIT
+ Abschreibungen
= EBITDA

Alternativ:

Ergebnis der gewöhnlichen Geschäftstätigkeit
+ Zinsaufwand
= EBIT

Liquiditätskennzahlen

Eine weitere Gruppe im Rahmen der Bilanzkennzahlen bilden die Liquiditätskennzahlen. In der Praxis können Unternehmensziele wie Rentabilitäts- oder Gewinnmaximierung in der Regel nicht ohne eine solide finanzielle Grundlage konsequent verfolgt werden. Das bedeutet, dass die Liquidität zu den wichtigsten Kriterien eines gesunden Unternehmens gehört. Ohne Liquidität kann ein Unternehmen auf Dauer nicht existieren.

Die Beurteilung der Liquidität erfolgt unter anderem anhand der folgenden Kennzahlen:

- Liquidität ersten Grades
- Liquidität zweiten Grades
- Liquidität dritten Grades

Nachteil von Liquiditätskennzahlen: Die Bilanzwerte geben keine Auskunft über die Fälligkeit von Forderungen und Verbindlichkeiten.

Kennzahlen zur Beurteilung der langfristigen Liquidität sind:

- Anlagendeckung I
- Anlagendeckung II

Eine Übersicht der wichtigsten Liquiditätskennzahlen enthält die folgende Tabelle:

Bezeichnung	Formel	Erläuterung
Liquidität ersten Grades (Barliquidität)	Zahlungsmittel / kurzfristige Verbindlichkeiten x 100	Die flüssigen Mittel (Zahlungsmittel) umfassen den Kassenbestand, Bankguthaben und Schecks. Im Rahmen der kurzfristigen Verbindlichkeiten müssen unter anderem die Verbindlichkeiten aus Lieferung und Leistungen sowie sonstige Verbindlichkeiten berücksichtigt werden. Die Kennzahl zeigt die Fähigkeit eines Unternehmens, seinen Zahlungsverpflichtungen nachkommen zu können.
Liquidität zweiten Grades	(Zahlungsmittel + kurzfristige Forderungen) / kurzfristige Verbindlichkeiten x 100	erweiterter Liquiditätsbegriff
Liquidität dritten Grades	(Zahlungsmittel + kurzfristige Forderungen + Vorräte) / kurzfristige Verbindlichkeiten x 100	erweiterter Liquiditätsbegriff

Bezeichnung	Formel	Erläuterung
Working Capital	Umlaufvermögen – kurzfristige Verbindlichkeiten	Ähnliche Aussage wie Liquidität dritten Grades: Umfang der Überdeckung des kurzfristigen liquidierbaren Vermögens durch kurzfristige Verbindlichkeiten
Anlagendeckung I	Eigenkapital / Anlagevermögen x 100	Der Anlagendeckungsgrad zeigt, in welchem Umfang das Anlagevermögen durch Eigenkapital gedeckt ist. Nach Möglichkeit sollte das Anlagevermögen zu 100 % mit Eigenkapital gedeckt sein.
Anlagendeckung II	(Eigenkapital + langfristiges Fremdkapital) / Anlagevermögen x 100	Zu vergleichen mit der Anlagendeckung I. Jedoch geht man in diesem Zusammenhang davon aus, dass neben dem Eigenkapital auch langfristiges Fremdkapital eingesetzt werden kann. Anders ausgedrückt: Der Umfang der Finanzierung des Anlagevermögens durch langfristiges Kapital wird gezeigt. Hinweis: Der Deckungsgrad II sollte größer als 100 % sein.

Bezeichnung	Formel	Erläuterung
dynamischer Verschuldungsgrad	Fremdkapital / Cashflow	Cashflow = Jahresüberschuss + Abschreibung + Zuführung zu langfristigen Rückstellungen (einfachste Darstellung des Cashflow)

Tab. 6: Diese Liquiditätskennzahlen sollten Sie kennen.

Der Cashflow

Der Cashflow nimmt im Rahmen der Kennzahlen eine Sonderstellung ein. Er wird ebenfalls aus den Zahlen des Jahresabschlusses ermittelt und soll zeigen, wie viel Geld in einer Abrechnungsperiode in die Kasse eines Unternehmens fließt. Er gilt als Indikator für die Finanzkraft von Unternehmen.

Cashflow: Vereinfachte Herleitung

Einzahlungen der Periode

– Auszahlungen der Periode

= Cashflow

Vereinfacht lässt sich der Cashflow wie folgt herleiten:

Der Cashflow kann positiv oder negativ sein. Ein positiver Cashflow entspricht einem Einzahlungsüberschuss. Dadurch wird der Bestand an liquiden Mitteln (Zahlungsmitteln) größer. Ist der Cashflow negativ, sind die Auszahlungen der Periode höher als die Einzahlungen, und es wird von einem Auszahlungsüberschuss gesprochen. Die Zahlungsmittel nehmen ab.

Die Herleitung des Cashflow kann nach Wöhe (Einführung in die Allgemeine Betriebswirtschaftslehre, Verlag Vahlen 25. Auflage 2013) auf direktem und indirektem Weg erfolgen.

Auf direktem Weg leitet Wöhe den Cashflow wie folgt her:

Cashflow: Direkte Herleitung

zahlungswirksame Erträge

– zahlungswirksame Aufwendungen

= Cashflow

Verkäufe und Einkäufe auf Ziel werden nicht berücksichtigt. Auch Rohstoffe, die in vorangegangenen Perioden angeschafft, aber in der aktuellen Periode verbraucht wurden, werden hier ignoriert.

Bei indirekter Ermittlung ergibt sich der Cashflow nach Wöhe wie folgt:

Cashflow: Indirekte Herleitung

Ertrag

– Aufwand

= Gewinn/Verlust

+/– Abschreibungen/Zuschreibungen

+/– Erhöhung/Minderung langfristiger Rückstellungen

= Cashflow

Die Zahlen zur Ermittlung des indirekten Cashflow stammen aus dem publizierten Jahresabschluss bzw. werden daraus abgeleitet. Vergleichen Sie dazu das Beispiel der folgenden Abbildung:

	GuV		Cashflow
Umsatzerlöse	1800		1800
+ sonstige betriebl. Erträge	350		350
– Materialaufwand	600		600
– Personalaufwand	520 →	Löhne/Gehälter 400 Pensionsrückstellungen 120	400
– Abschreibungen	500		
– sonst. betriebl. Aufwand	250		250
Gewinn	**280**	**Cashflow**	**900**
	→	Gewinn	280
		+ Abschreibungen	500
		+ Erhöhung von Rückstellungen	120
		Cashflow	**900**

Abb. 3: Begriffsbedeutung

In der Literatur gibt es unterschiedliche Cashflow-Begriffe, die sich durch die Zusammensetzung der Komponenten unterscheiden. Das rührt unter anderem daher, dass es in der Betriebswirtschaftslehre unterschiedliche Auffassungen darüber gibt, welche Positionen finanzwirksam sind und welche nicht.

Cashflow: Dreiteilung

In der Praxis hat sich eine Dreiteilung des Cashflow herausgebildet:

- Operativer Cashflow: Mittelzufluss aus laufender Geschäftstätigkeit
- Cashflow aus Investitionstätigkeit: Mittelzufluss aus Investitionstätigkeit

- Cashflow aus Finanzierungstätigkeit: Mittelzufluss aus Finanzierungstätigkeit

Die drei Bereiche werden in einer Summe zum Netto-Cashflow zusammengefasst.

Eine weitere Beispielrechnung zeigt Abbildung 4:

- Der obere Tabellenteil zeigt den Cashflow aus Geschäfts-, Investitions- und Finanzierungstätigkeit sowie den Netto-Cashflow.
- Der untere Tabellenteil verdichtet die Cashflow-Daten zu Kennziffern.

Cashflow-Rechnung

	Jahresüberschuss vor a. o. Posten	
+	Abschreibungen	500 T€
+	Zunahme Rückstellungen	100 T€
+	Sonstige zahlungsunwirksame Aufwendungen/Erträge	50 T€
-	Gewinn aus Abgang Anlagevermögen	20 T€
-	Zunahme Vorräte, Forderungen L+L, sonstige Aktiva	150 T€
+	Zunahme Verbindlichkeiten L + L, sonstige Passiva	160 T€
+	Ein- und Auszahlungen aus a. o. Posten	200 T€
	Cashflow aus laufender Geschäftstätigkeit	**840 T€**
+	Einzahlungen aus Abgang Sachanlagen	200 T€
-	Auszahlungen für Investitionen in Sachanlagen	50 T€
+	Einzahlungen aus Abgang immaterielles Anlagevermögen	150 T€
-	Auszahlungen für Investitionen in immaterielles Anlagevermögen	20 T€
+	Einzahlungen aus Abgang Finanzanlagen	150 T€
-	Auszahlungen für Investitionen in Finanzanlagen	30 T€
	Cashflow aus Investitionstätigkeit	**400 T€**
+	Einzahlungen aus Eigenkapitalzuführungen	200 T€
-	Auszahlungen an Gesellschafter	50 T€
+	Einzahlungen aus Darlehensaufnahmen	30 T€
-	Auszahlungen für Darlehenstilgungen	50 T€
	Cashflow aus Finanzierungstätigkeit	**130 T€**

Veränderungen des Finanzmittelfonds	1.370 T€
Finanzmittelfonds 1.1	500 T€
Finanzmittelfonds 31.12	600 T€
Differenz des Finanzmittelfonds	**100 T€**
Abstimmung/Differenz	1.270 T€

Kennzahlen

Umsatz-Cashflow	=	(operativer) Cashflow x 100 / Umsatz	=	**42 %**
Innenfinanzierungsgrad Investitionen	=	(operativer) Cashflow x 100 / Zugängige Anlagevermögen	=	**70 %**

Abb. 4: Cashflow-Daten werden zu Kennziffern verdichtet.

Übrigens: Der Cashflow aus laufender Geschäftstätigkeit wird auch als Cashflow im engeren Sinne und operativer Cashflow bezeichnet, da er die operativ erwirtschafteten bzw. verbrauchten Finanzmittel zeigt.

Bitte beachten Sie Folgendes: Die Daten der Cashflow-Rechnung werden in der Abbildung in Form weiterer Kennziffern komprimiert. Dabei werden folgende Kennzahlen gebildet:

- Cashflow-Umsatzrate
- Innenfinanzierungsgrad

Die Cashflow-Umsatzrate setzt den Cashflow in das Verhältnis zum Umsatz und zeigt den prozentualen Cashflow-Erfolg:

Cashflow/Umsatzrate

Cashflow / Umsatzrate = Cashflow / Umsatz x 100

Der Innenfinanzierungsgrad von Investitionen setzt den operativen Cashflow in das Verhältnis zu den Zugängen des Anlagevermögens.

Goldene Finanzierungsregel

kurzfristiges Vermögen / kurzfristiges Kapital ≥ 1

langfristiges Vermögen / langfristiges Kapital ≤ 1

Return On Investment

Return On Investment, kurz ROI, ist eine wichtige Kennzahl für die Steuerung eines Unternehmens. Der Begriff stammt aus dem Amerikanischen und umschreibt die relative Größe der Gesamtkapitalrentabilität und den Rückfluss des investierten Kapitals.

> **!**
>
> *ROI*
>
> Das Kennzahlensystem des ROI wurde bereits 1919 bei Du Pont entwickelt. Danach wurde es mehrfach verbessert.
>
> Bei der Beurteilung des ROI spielen Umsatzrentabilität und Kapitalumschlagshäufigkeit eine große Rolle.

ROI = Kapitalumschlag x Umsatzrentabilität

Die Rendite des gesamten Kapitaleinsatzes wird demnach durch die Umsatzrentabilität und die Kapitalumschlagshäufigkeit bestimmt. Eine niedrige Umsatzrentabilität kann in Verbindung mit einer höheren Kapitalumschlagshäufigkeit zu exakt dem gleichen Ergebnis führen wie eine hohe Umsatzrentabilität und eine niedrige Kapitalumschlagshäufigkeit.

Der **Kapitalumschlag** ergibt sich aus der Division von Umsatz und Kapitaleinsatz:

Kapitalumschlag = Umsatzvolumen / Kapitaleinsatz x 100

Der **Kapitaleinsatz** setzt sich aus dem Anlage- und dem Umlaufvermögen zusammen.

Kapitaleinsatz = Anlagevermögen + Umlaufvermögen = Gesamtkapital

Das **Umlaufvermögen** wiederum ist die Summe der Vorräte, Forderungen und liquiden Mittel.

Umlaufvermögen = Vorräte + Forderungen + liquide Mittel

Vorräte und **Forderungen** ergeben sich wie folgt:

Vorräte = Werkstoffe + Halberzeugnisse + Fertigerzeugnisse

Forderungen = Debitoren + sonstige Forderungen

Das **Betriebsergebnis** ist die Differenz von Periodenleistungen und Periodenkosten:

Betriebsergebnis = Periodenleistung – Periodenkosten

Die **Periodenkosten** sind die Summe der fixen und variablen Kosten:

Periodenkosten = fixe Kosten + variable Kosten

Die **fixen** und **variablen Kosten** ergeben sich wie folgt:

fixe Kosten = fixe Materialkosten + fixe Vertriebskosten + fixe Verwaltungskosten + fixe Personalkosten + sonstige fixe Kosten

variable Kosten = variable Materialkosten + variable Vertriebskosten + variable Verwaltungskosten + variable Personalkosten + sonstige variable Kosten

Rückfluss des investierten Kapitals

In der Praxis werden ROI-Rechnungen häufig zur Beurteilung der Vorteilhaftigkeit von Investitionsobjekten eingesetzt. Dabei wird der Rückfluss des investierten Kapitals bewertet. In der einfachsten Variante wird der erwartete Jahresgewinn alternativer Investitionsprojekte mit dem investierten Kapital verglichen.

Weitere ausgewählte Erfolgs- und Renditekennzahlen

Kleine und mittlere Unternehmen haben die Möglichkeit, mithilfe einer BWA (Betriebswirtschaftliche Auswertung) das gesamte Unternehmen abzubilden.

Nachfolgend der **Aufbau einer BWA** nach dem Gesamtkostenverfahren:

Umsatz

\+ Bestandserhöhungen

– Bestandsminderungen

= Gesamtleistung

– Abschreibungen

– Gesamtkosten

= Betriebserfolg

Weitere hilfreiche Kennziffern finden Sie in der folgenden Tabelle:

Bezeichnung	Formel	Erläuterung
Finanzergebnis	Beteiligungsertrag + Zinsertrag – Beteiligungsaufwand	Erfolgskomponenten, die aus Finanzaktivitäten entstehen
ordentliches Ergebnis	ordentliches Betriebsergebnis + ordentliches Finanzergebnis	Erfolg aus Leistungs- und Finanzaktivitäten
außerordentliches Ergebnis	außerordentlicher Ertrag – außerordentliches Ergebnis	außergewöhnliche und häufig auch unregelmäßig anfallende Erfolgskomponenten
ROCE (Return on capital Employed)	EBIT / CE	Kapitalrendite, wichtige Entscheidungsgrundlage im Hinblick auf die Fragestellung, ob es sich lohnt, weiterhin in ein Unternehmen zu investieren. CE (Capital Employed) = betriebsnotwendiges Kapital
EVA (Economic Value Added)	Unternehmensergebnis – Kapitalkosten	EVA > 0 => Es wird Wert geschaffen. EVA < 0 => Unternehmenswert geht verloren.

Tab. 7: Nützliche Kennzahlen aus der Betriebswirtschaft im Überblick

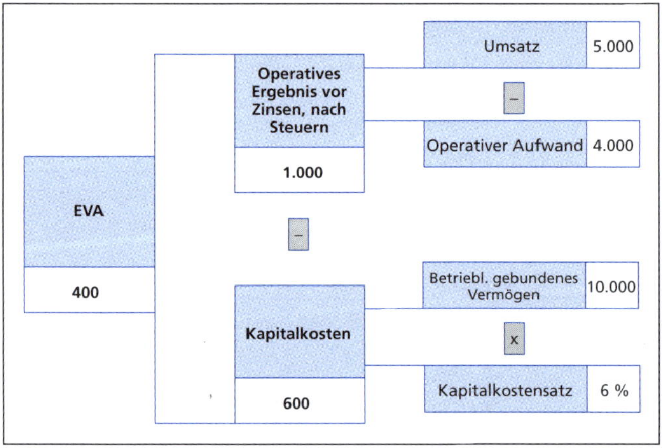

Abb. 5: Berechnung des EVA

Deckungsbeitrag

Jedes Unternehmen ist in der Regel bestrebt, einen größtmöglichen Gewinn zu erzielen. Der Gewinn ergibt sich als Differenz zwischen dem Gesamterlös und den Gesamtkosten.

Der **Deckungsbeitrag** entspricht der Differenz aus Preis und variablen Stückkosten.

Die Formel lautet:

  Erlöse
– variable Kosten
= Deckungsbeitrag

Beim Deckungsbeitrag geht es um die Differenz zwischen Erlösen und variablen Kosten. Variable Kosten fallen im Gegensatz zu fixen Kosten in Abhängigkeit von der Produktionsmenge an. Je mehr produziert wird, umso höher sind die variablen Kosten.

Fixe versus variable Kosten

Fixe Kosten fallen beschäftigungsabhängig immer in gleicher Höhe an: egal ob ein Unternehmen eine bestimmte Menge produziert beziehungsweise verkauft oder nicht. Typische Beispiele für fixe Kosten sind die Gehälter der kaufmännischen Angestellten, z. B. der Telefonzentrale, Mieten für Gebäude etc.

Variable Kosten stehen in unmittelbarem Zusammenhang zur Produktions- bzw. Absatzmenge. Wenn ein Unternehmen mehr produziert, muss unter anderem der Materialeinsatz erhöht werden. Die Materialkosten stellen entsprechend variable Kosten dar. Das gilt auch für Arbeitslöhne.

Einfache Deckungsbeitragsrechnung

Bei der Deckungsbeitragsrechnung werden die einfache, die zweistufige und die mehrstufige Deckungsbeitragsrechnung unterschieden.

> *Beispiel:*
>
> *In einem Unternehmen werden die vier Produkte A, B, C und D hergestellt: Von Produkt A werden 4.000 Stück gefertigt und zu je 25 € veräußert. Die Produktionszahl von B liegt bei 6.000 Stück, der Preis bei je 35 €. Von Produkt C und D werden jeweils 1.200 Stück hergestellt. Die Verkaufspreise liegen jeweils bei 59 € bzw. 68 €.*

Die variablen Stückkosten betragen für Produkt A 16 €, für Produkt B 28 €, für Produkt C 38 € und für Produkt D 44 €. Fixkosten fallen insgesamt in Höhe von 72.000 € an. Ermitteln Sie die Höhe der einfachen Deckungsbeiträge der einzelnen Produkte sowie das Betriebsergebnis.

Abbildung 6 zeigt die Lösung.

Einfache Deckungsbeitragsrechnung				
	Produkt A	**Produkt B**	**Produkt C**	**Produkt D**
Verkaufspreis	25,00 €	35,00 €	59,00 €	68,00 €
Variable Stückkosten	16,00 €	28,00 €	38,00 €	44,00 €
Einfacher Deckungsbeitrag/Stück	**9,00 €**	**7,00 €**	**21,00 €**	**24,00 €**
Stückzahl	4000	5000	1200	1200
Gesamtdeckungsbeitrag/Produkt	**36.000,00 €**	**35.000,00 €**	**25.200,00 €**	**28.800,00 €**
Deckungsbeitrag	**125.000,00 €**			
Fixe Kosten	72.000,00 €			
Betriebsergebnis	**53.000,00 €**			

Abb. 6: Gesamtüberblick – leichte Vergleichbarkeit mithilfe der Berechnung der einfachen Deckungsbeiträge je Produkt

Der Deckungsbeitrag pro Stück entspricht der Differenz aus Preis und variablen Stückkosten. Multipliziert man die einzelnen Deckungsbeiträge mit der zugehörigen Stückzahl, ergibt sich die Gesamtsumme der Deckungsbeiträge. Das Betriebsergebnis wiederum ist die Differenz zwischen dem gesamten Deckungsbeitrag und den fixen Kosten.

Zweistufige Deckungsbeitragsrechnung

Bei der zweistufigen Deckungsbeitragsrechnung wird der Deckungsbeitrag, wie der Name bereits andeutet, in zwei Stufen ermittelt.

Neben dem Deckungsbeitrag aus dem vorangegangenen Beispiel werden noch sogenannte erzeugnisfixe Kosten berücksichtigt. Darunter versteht man Kosten, die man zwar nicht unmittelbar jedem einzelnen Produkt, aber der Produktgruppe insgesamt zuordnen kann.

Beispiel:

Ein Textilunternehmen produziert Kleider. Für jedes Kleid wird eine Schnittzeichnung benötigt, die ein externer Mitarbeiter anfertigt.

Die Kosten für die Schnittzeichnung für Kleid A stellen erzeugnisfixe Kosten dar. Diese Kosten können ausschließlich dieser Produktgruppe, nicht aber dem einzelnen Kleid zugeordnet werden.

Erweiterung des vorangegangenen Beispiels durch Klärung der folgenden Fragestellung:

Wie lautet der Deckungsbeitrag II, wenn für die Produkte C und D jeweils erzeugnisfixe Kosten in Höhe von 7.500 € anfallen?

Lösung: Man muss lediglich das vorangegangene Tabellenmodell wie in der folgenden Abbildung erweitern.

Zweistufige Deckungsbeitragsrechnung	**Produkt A**	**Produkt B**	**Produkt C**	**Produkt D**
Verkaufspreis	25,00 €	35,00 €	59,00 €	68,00 €
Variable Stückkosten	16,00 €	28,00 €	38,00 €	44,00 €
Einfacher Deckungsbeitrag/Stück	**9,00 €**	**7,00 €**	**21,00 €**	**24,00 €**
Stückzahl	4000	5000	1200	1200
Gesamtdeckungsbeitrag/Produkt	**36.000,00 €**	**35.000,00 €**	**25.200,00 €**	**28.800,00 €**
Erzeugnisfixe Kosten			8.000,00 €	8.000,00 €
Deckungsbeitrag II	**36.000,00 €**	**35.000,00 €**	**17.200,00 €**	**20.800,00 €**

Abb. 7: Die Berücksichtigung der erzeugnisfixen Kosten führt zur zweistufigen Deckungsbeitragsrechnung.

Mehrstufige Deckungsbeitragsrechnung

Die mehrstufige Deckungsbeitragsrechnung ist eine Weiterentwicklung der ein- und zweistufigen Deckungsbeitragsrechnung. Diese Methode berechnet den Deckungsbeitrag in Stufen. Dabei können Deckungsbeiträge beispielsweise in den Staffeln I bis V unterschieden werden.

Bei dieser Form der Deckungsbeitragsrechnung werden die Fixkosten nicht am Ende en bloc abgezogen, sondern es wird untersucht, inwieweit sich der Fixkostenblock weiter differenzieren und auf die verschiedenen Artikel bzw. Produktgruppen verteilen lässt.

Diese Vorgehensweise hat zwar einen erheblichen Rechenaufwand zur Folge, ermöglicht jedoch die Betrachtung der beeinflussbaren fixen Kosten auf jeder Stufe und damit gezielte betriebspolitische Maßnahmen, z. B. Produktions- oder Sortimentsentscheidungen:

- Deckungsbeitrag I (kurz DB I) ist der Produktbeitrag und zeigt Ihnen, wie hoch der Deckungsbeitrag nach Abzug der variablen Kosten ist.
- Deckungsbeitrag II ergibt sich, wenn von DB I die direkt zurechenbaren Einzelkosten abgezogen werden. Auch die direkt zurechenbaren Einzelkosten werden je Artikel erfasst. Alle weiteren Kosten werden en bloc gesammelt. Um die nicht umlagefähigen Fixkosten abzuziehen, wird zunächst die Summe der Deckungsbeiträge aller erfassten Artikel berechnet.

Mehrstufige Deckungsbeitragsrechnung						
Produktbezeichnung		**Produkt A**	**Produkt B**	**Produkt C**	**Produkt D**	**Produkt E**
Umsatzerlös		1.357.123,00	458.895,00	591.456,00	789.125,00	987.125,00
Frachten		50.200,00	40.800,00	30.123,00	12.950,00	8.000,00
Provisionen		12.854,00	5.647,00	6.789,00	7.895,00	4.256,00
Verpackung		5.647,00	5.467,00	3.548,00	2.987,00	9.512,00
absatzbedingte Leistungskosten		**68.701,00**	**51.914,00**	**40.460,00**	**23.832,00**	**21.768,00**
Reduzierter Erlös		**1.288.422,00**	**406.981,00**	**550.996,00**	**765.293,00**	**965.357,00**
erzeugungsbedingte Leistungskosten		38.712,00	49.872,00	52.012,00	91.253,00	122.567,00
Deckungsbeitrag I		**1.249.710,00**	**357.109,00**	**498.984,00**	**674.040,00**	**842.790,00**
direkt zurechenbare Einzelkosten		75.200,00	87.012,00	41.230,00	33.850,00	55.213,00
Deckungsbeitrag II		**1.174.510,00**	**270.097,00**	**457.754,00**	**640.190,00**	**787.577,00**
Summe der Deckungsbeiträge	3.330.128,00					
nicht direkt zurechenbare Einzel- und Mischkosten	809.759,00					
Deckungsbeitrag III	**2.520.369,00**					
Gemeinkosten	1.234.567,00					
Deckungsbeitrag IV	**1.285.802,00**					
ausgabenferne Kosten	235.782,00					
Deckungsbeitrag V	**1.050.020,00**					

Abb. 8: Mehrstufige Deckungsbeitragsrechnung

- Als Nächstes berechnet man den Deckungsbeitrag III, in dem die nicht direkt zurechenbaren Einzel- und Mischkosten, wie zum Beispiel Fremdstrom, von der Summe des DB II abgezogen werden.
- Deckungsbeitrag IV ergibt sich aus der Differenz des DB III und den Gemeinkosten, die beispielsweise durch Positionen wie Werbung anfallen.
- Deckungsbeitrag V entspricht dem Netto-Betriebsergebnis und zieht vom errechneten DB IV noch die ausgabenfernen Kosten ab.

Auf den Punkt gebracht

Im Rahmen des Rechnungswesens werden unter anderem folgende Kennzahlengruppen unterschieden:

- Bilanzkennzahlen
- Rentabilitätskennzahlen
- Liquiditätskennzahlen

Der *Cashflow* nimmt im Rahmen der Kennzahlen eine Sonderstellung ein. Er gilt als Indikator für die Finanzkraft von Unternehmen.

Der *Return On Investment* ist eine wichtige Kennzahl für die Steuerung eines Unternehmens, die die relative Größe der Gesamtkapitalrentabilität und den Rückfluss des investierten Kapitals umschreibt.

Jedes Unternehmen ist in der Regel bestrebt, einen größtmöglichen Gewinn zu erzielen. Der *Gewinn* ergibt sich als Differenz zwischen dem Gesamterlös und den Gesamtkosten.

Personalkennzahlen

Während schon seit sehr langer Zeit mit Kennzahlen aus dem Finanzbereich gearbeitet wird, haben sich Personalkennzahlen erst relativ spät durchgesetzt. Dabei liefern sie interessante und wichtige Aussagen.

Personalkennziffern ermöglichen eine zielorientierte Bewertung personalwirtschaftlicher Maßnahmen. Sie zeigen die Beziehung zwischen der Belegschaft und dem Betrieb sowie die Zusammensetzung der Mitarbeiterstruktur. Mithilfe von Personalkennzahlen kann sichergestellt werden, dass personalwirtschaftliche Entscheidungen entsprechend den Unternehmenszielen bzw. personalwirtschaftlichen Zielen getroffen werden und der Einsatz des personalwirtschaftlichen Instrumentariums zu positiven Erfolgsbeiträgen führt.

Zahlenbasis

Personalkennzahlen ergeben sich zum Teil aus Personalstatistiken sowie aus den Zahlen der Lohn- und Gehaltsbuchhaltung. Wichtige betriebliche Personalstatistiken sind:

- Personalstrukturstatistik: Informiert über die Zusammensetzung der Belegschaft nach unterschiedlichen Kriterien.
- Personalbewegungsstatistik: Gibt Aufschluss über die Zu- und Abgänge der Mitarbeiter.
- Arbeitszeitstatistik: Zeigt die Zahl der geleisteten Normalarbeitsstunden und Überstunden. Darüber hinaus werden dort Daten zu Urlaub, Krankheit und Betriebsstörungen festgehalten.

- Lohn- und Gehaltsstatistik: Hier werden Löhne nach Betriebsabteilungen, Lohnformen, der Art der Verrechnung etc. untergliedert.
- Sozialstatistik: Informiert über soziale Leistungen wie Gratifikationen oder Altersversorgung.

Liegen entsprechende Statistiken vor, lassen sich Personalkennziffern schnell herleiten.

Auswertung

Das Datenmaterial bietet in der Regel unterschiedlichste Auswertungsmöglichkeiten, beispielsweise:

- Branchenvergleiche
- Vergleiche der Abteilungen untereinander
- Vergleiche Löhne/Gehälter

Es werden unterschieden:

- quantitative Kennzahlen
- qualitative Kennzahlen

Qualitative Kennzahlen wie die Mitarbeiterzufriedenheit sind schwerer zu bilden als quantitative Kennzahlen. Während sich quantitative Kennzahlen in vielen Unternehmen bereits durchgesetzt haben, führen qualitative Kennzahlen häufig noch ein Schattendasein.

Kennzahlen im Überblick

Das Bilden der meisten Personalkennzahlen ist recht einfach, sodass im Folgenden auf eine detaillierte Erläuterung verzichtet wird. Tabelle 8 gibt Ihnen einen Überblick über wichtige quantitative Personalkennzahlen.

Bezeichnung	Formel
Durchschnittlicher Pro-Kopf-Umsatz	Umsatz / Anzahl der durchschnittlich Beschäftigten
Personalkosten je Mitarbeiter	Personalkosten einer Periode / Anzahl der durchschnittlich Beschäftigten
Lohnquote	Personalaufwand / Leistung (Umsatz) x 100
Fluktuationsquote	Anzahl Austritte einer Abrechnungsperiode / Beschäftigungszahl zu Beginn der Abrechnungsperiode x 100
Frauenquote	Mitarbeiterinnen / Gesamtmitarbeiterzahl x 100 alternativ: Normalarbeitsstunden Mitarbeiterinnen / Gesamtzahl Normalarbeitsstunden x 100
Teilzeitkräftequote	Anzahl Teilzeitkräfte / Gesamtmitarbeiterzahl x 100
Angestelltenquote	Anzahl Angestellte / Gesamtmitarbeiterzahl x 100
Führungskräfteanteil	Anzahl Führungskräfte / Gesamtmitarbeiterzahl x 100

Bezeichnung	Formel
durchschnittliche Betriebszugehörigkeit	Gesamtzahl der Betriebszugehörigkeitsjahre aller Mitarbeiter / Gesamtmitarbeiterzahl
Durchschnittsalter der Belegschaft	Summe der Lebensalter der Beschäftigten / Gesamtmitarbeiterzahl
Auszubildendenquote	Anzahl Auszubildende / Gesamtmitarbeiterzahl x 100
Mehrarbeitsquote (Überstundenquote)	Anzahl Mehrarbeitsstunden / Anzahl Regelarbeitsstunden x 100
Verhältnis Arbeiter zu Angestellten	Anzahl Arbeiter / Anzahl Angestellte
Verhältnis angelernte Arbeiter zu ungelernten Arbeitern	Anzahl angelernte Mitarbeiter / Anzahl ungelernte Mitarbeiter
Verhältnis Personal in der Produktion zu Verwaltung	Anzahl Mitarbeiter in der Produktion / Anzahl Verwaltungsmitarbeiter
Verhältnis Kündigungen zu Beschäftigte	Anzahl Kündigungen je Periode / durchschnittliche Beschäftigtenzahl je Periode
Ausländeranteil	Anzahl ausländischer Mitarbeiter / Gesamtmitarbeiterzahl x 100
Anteil Mitarbeiter mit variabler Vergütung	Anzahl Mitarbeiter mit variablen Vergütungsbestandteilen / Gesamtmitarbeiterzahl x 100
Personalbeschaffungskosten je Eintritt	Personalbeschaffungskosten / Anzahl Neueinstellungen

Bezeichnung	Formel
Teilzeitkräftequote	Anzahl Arbeitsstunden Teilzeitkräfte / Anzahl Arbeitsstunden insgesamt x 100
Krankheitsquote	Anzahl der kranken Mitarbeiter / Gesamtmitarbeiterzahl x 100
Unfallhäufigkeit	Anzahl Unfälle / Gesamtmitarbeiterzahl
Weiterbildungskosten je Mitarbeiter	Weiterbildungskosten / Gesamtmitarbeiterzahl
Cashflow pro Mitarbeiter	Cashflow / durchschnittliche Mitarbeiterzahl
Fehlzeitenquote	Fehlzeiten / Sollarbeitszeit x 100
Personalmanagementkosten pro Mitarbeiter	Gesamtpersonalmanagementkosten / Gesamtmitarbeiterzahl
Personalintensität	Personalaufwand / gesamte Aufwendungen x 100
Ausbildungsplatzattraktivität	Anzahl Bewerber / Anzahl der Ausbildungsplätze
Einstellungsquote	abgeschlossene Arbeitsverträge / Anzahl der Bewerbungen x 100
Grad der Personaldeckung	tatsächliche Einstellungen / Anzahl benötigter Mitarbeiter x 100
Vorstellungsquote	Vorstellungsgespräche / Anzahl der Bewerbungen x 100
Soll-Personalbedarf	geplanter Umsatz / geplanter Umsatz pro Mitarbeiter

Tab. 8: Die wichtigsten Personalkennzahlen im Überblick

Verhältniszahlen

Bei den meisten Personalkennzahlen handelt es sich um Verhältniszahlen, die auf Basis einer Division gebildet werden.

Ein Beispiel zu Personalkennzahlen zeigt Abbildung 9.

Personalkennzahlen	
Umsatz	12.600.000,00 €
Personalkosten	1.550.000,00 €
Mitarbeiterzahl	33
Anzahl Kündigungen	5
Pro-Kopf-Umsatz	381.818,18 €
Personalkosten je Mitarbeiter	46.969,70 €
Lohnquote	12 %
Fluktuationsquote	15 %

Abb. 9: Personalkennzahlen zeigen wichtige Kenngrößen eines Unternehmens auf.

Aussagekraft erhöhen

Besonders aussagekräftig werden die Personalkennzahlen, wenn Sie Vergangenheits- und Branchenwerte in die Betrachtungen einbeziehen.

Auf den Punkt gebracht

Personalkennzahlen liefern wichtige Aussagen und ermöglichen eine zielorientierte Bewertung personalwirtschaftlicher Maßnahmen. Sie zeigen die Beziehung zwischen der Belegschaft und dem Betrieb sowie die Zusammensetzung der Mitarbeiterstruktur.

Die Kennzahlen ergeben sich zum Teil aus Personalstatistiken sowie aus den Zahlen der Lohn- und Gehaltsbuchhaltung. Wichtige betriebliche Personalstatistiken sind:

- Personalstrukturstatistik
- Personalbewegungsstatistik
- Arbeitszeitstatistik
- Lohn- und Gehaltsstatistik
- Sozialstatistik

Das Datenmaterial bietet in der Regel unterschiedliche Auswertungsmöglichkeiten, beispielsweise:

- Branchenvergleiche
- Vergleiche der Abteilungen untereinander
- Vergleiche Löhne und Gehälter

Lagerkennzahlen

Die Lagervorräte eines Unternehmens müssen so umfangreich sein, dass eine ständige Produktions- und Lieferbereitschaft zu jedem beliebigen Zeitpunkt gewährleistet ist. Jedoch darf die Menge, die man bevorratet, nicht höher sein, als der wirtschaftliche Ablauf des Betriebs es erfordert.

Im Zusammenhang mit den Risiken und Kosten einer wirtschaftlichen Lagerhaltung müssen verschiedene Faktoren ins Kalkül gezogen und sorgfältig abgewogen werden. Das richtige Maß finden Sie mithilfe von Lagerkennzahlen.

Bedeutung der Lagerkennziffern

Mithilfe von Lagerkennzahlen verschaffen sich die Verantwortlichen in Unternehmen einen Überblick über die Kosten für die Lagerhaltung. Damit hat man die Möglichkeit, die Kosten für Kapitaldienst, Schwund oder Verwaltung in den Griff zu bekommen, und steigert gleichzeitig die Wirtschaftlichkeit des Unternehmens.

Je höher die Umschlagshäufigkeit des Lagerbestandes ist, desto kürzer ist die Lagerdauer. Dies bedingt einen geringeren Kapitaleinsatz. Ein niedrigerer Kapitaleinsatz wiederum reduziert das Lagerrisiko.

- Wichtig ist jedoch – wie bereits erwähnt – den richtigen Lagerbestand zu bevorraten. Sowohl zu hohe als auch zu niedrige Lagerbestände sind mit Nachteilen verbunden: Zu große Bestände entziehen dem Unternehmen im Zusammenhang mit den damit verbundenen größeren Beschaffungsvorgängen flüssige Mittel, binden Kapital und verursachen Kosten für die Lagerung. Das sind zum einen Raumkosten, aber auch Personalkosten, die im Zusammenhang mit der Verwaltung des Materials anfallen.

- Auf der anderen Seite gefährden zu niedrige Lagerbestände die Produktions- und Absatzbereitschaft. Sie erfordern unter Umständen eilige Bestellungen und erhöhen die Transportkosten.

Zahlengrundgerüst

Durch die Bildung von Lagerkennzahlen werden die Zusammenhänge von Risiken und Kosten aufgezeigt und vergleichbar gemacht.

Sie benötigen nicht viele Zahlen, um Lagerkennziffern zu bilden. Die folgenden Daten – in Stück und als Wert – gehören zum Grundgerüst:

- Jahresanfangsbestand
- jährlicher Lagerbestand
- durchschnittlicher monatlicher Lagerbestand
- Jahresendbestand
- Lagerkosten

Lagerkosten

Die Lagerkosten setzen sich aus allen Kosten zusammen, die im Bereich Lager anfallen, beispielsweise:

- Personalkosten
- Zinsen
- Instandhaltung
- Versicherungen
- Energie (Strom, Heizung usw.)
- Schwund, Bruch, Verderb
- Diebstahl

Die wichtigsten Lagerkennziffern

Die wichtigsten und bekanntesten Lagerkennziffern sind:

- durchschnittlicher jährlicher Lagerbestand
- durchschnittlicher monatlicher Lagerdurchschnitt
- Quartalsdurchschnitt
- Lagerumschlagshäufigkeit
- durchschnittliche Lagerdauer
- Lagerkostensatz

Durchschnittlicher Lagerbestand

Als durchschnittlicher Lagerbestand wird der Mittelwert der im Laufe einer Geschäftsperiode vorhandenen Bestände bezeichnet. Zu seiner Ermittlung können Jahres-, Quartals- und Monatswerte herangezogen werden.
Besonderheit: Der durchschnittliche Lagerbestand kann sowohl mengen- als auch wertmäßig ermittelt werden.

Bezeichnung	Formel	Bemerkung/Beispiel
Lagerdurchschnittsbestand	Anfangsbestand + Endbestand / 2	Beachten Sie auch die Kennziffern zum Jahres- und Monatsdurchschnittsbestand.
Jahresdurchschnitt (durchschnittlicher jährlicher Lagerbestand)	(Jahresanfangsbestand + Jahresendbestand) / 2	Bestand = Anfangsbestand + Zugänge – Entnahmen
Monatsdurchschnitt (durchschnittlicher monatlicher Lagerdurchschnitt)	(Jahresanfangsbestand + 12 Monatsendbestände) / 13	siehe oben
Quartalsdurchschnitt	(Jahresanfangsbestand + Summe der vier Quartalsendbestände) / 5	siehe oben

Bezeichnung	Formel	Bemerkung/Beispiel
Lagerumschlagshäufigkeit	Lagerabgang / durchschnittlicher Lagerbestand Lagerumschlagshäufigkeit = Materialaufwendungen / Lagerbestand an Stoffen	Die Lagerumschlagshäufigkeit berechnet, wie oft in einem Jahr der Lagerbestand verbraucht und ersetzt wurde. In der Praxis wird die Lagerumschlagshäufigkeit auch als Vergleich von Materialaufwendungen zum durchschnittlichen Lagerbestand an Roh-, Hilfs- und Betriebsstoffen verwendet.
durchschnittliche Lagerdauer in Tagen	360 / Lagerumschlagshäufigkeit	Die Lagerdauer ist die Zeit zwischen dem Ein- und Ausgang der Lagergüter. Diese Kennziffer errechnen Sie aus dem Verhältnis zwischen Zeit und Umschlagshäufigkeit. Dabei wird das Jahr der Einfachheit halber mit 360 Tagen veranschlagt. Bei einer Lagerumschlagshäufigkeit von 12 beträgt die durchschnittliche Lagerdauer 30 Tage Um die durchschnittliche Lagerdauer auszurechnen, benötigen Sie die Lagerumschlagshäufigkeit.

Bezeichnung	Formel	Bemerkung/Beispiel
Lagerkostensatz	Lagerkosten / durchschnittlicher Lagerwert x 100	Aus der Summe der Lagerkosten und dem Wert des durchschnittlichen Lagerbestandes ergibt sich der Lagerkostensatz. Er weist den relativen Anteil der Lagerkosten am durchschnittlichen Lagerbestand aus. Beispiel: Die Lagerkosten eines Unternehmens betrugen im vergangenen Jahr 500.000 €. Im gleichen Zeitraum befand sich im Lager ein durchschnittlicher Lagerwert in Höhe von 5.000.000 €. Lösung: Der Lagerkostensatz beträgt 10 %.
Reichweite des Lagerbestands	durchschnittlicher Lagerbestand / durchschnittlicher Bedarf	Informiert darüber, wie lange der Lagerbestand reicht.
Lagerbestand in Prozent zum Umsatz	Lagerbestand / Umsatz x 100	Verhältnis vom Lagerwert zum Umsatz

Bezeichnung	Formel	Bemerkung/Beispiel
Lagerkapazitätsauslastungsgrad	belegte Lagerfläche / Gesamtlagerfläche x 100	Zeigt, welcher Anteil der Lagerfläche beansprucht wird bzw. im Umkehrschluss wie viel Freifläche zur Verfügung steht.
Lagerzinssatz	durchschnittliche Lagerdauer x Jahreszinssatz / 360	Der Lagerzinssatz wird zur Ermittlung der Zinsen benötigt, die für das im Lager gebundene Kapital berücksichtigt werden müssen.

Tab. 9: Die wichtigsten Lagerkennzahlen im Überblick

Zusammenhang von Umschlagshäufigkeit und Lagerdauer

Je höher die Umschlagshäufigkeit des Lagerbestandes ist, umso kürzer ist die Lagerdauer. Das hat den Vorteil, dass der Kapitaleinsatz geringer wird. Ein niedriger Kapitaleinsatz wirkt sich positiv auf die Zinsen und die Lagerkosten aus.

Rechenbeispiele zu den vorangegangenen Kennzahlen enthält Abbildung 10.

Lagerkennzahlen

	Mengenangaben	Wertangaben
Jahresanfangsbestand	1.000,00	15.000,00
Jahresendbestand	1.200,00	17.500,00
Bestand im Monat:		
Januar	1.000,00	15.000,00
Februar	1.100,00	17.400,00
März	1.200,00	18.00,000
April	1.300,00	19,000,00
Mai	1.400,00	20.000,00
Juni	1.200,00	17.200,00
Juli	900,00	14.000,00
August	800,00	13.500,00
September	1.000,000	14.500,00
Oktober	1.100,00	16.500,00
November	1.100,00	16.500,00
Dezember	1.200,00	17.500,00
Jahresverbrauch	12.000,00	
Jahreszinssatz	15 %	
Lagerkosteh	1.500,00	

Lagerkennzahlen

Jahresdurchschnitt	1.100,00	16.250,00 €
Monatsdurchschnitt	1.100,00	16.469,23 €
Lagerumschlagshäufigkeit	10,9	
durchschnittl. Lagerdauer	33,0	
Lagerzinssatz	1,38 %	
Lagerkostensatz	136,36 %	

Abb. 10: Lagerkennzahlen einer Musterfirma

Optimale Bestellmenge und Meldebestand

Eine Sonderstellung im Rahmen der Lagerkennzahlen nehmen die optimale Bestellmenge und der Meldebestand ein. Diese Materialkennzahlen könnte man auch der Rubrik *Einkaufskennzahlen* zuordnen.

Bestandszahlen

Der Mindestbestand ist der Bestand, der ständig im Lager verfügbar sein muss. Er soll gewährleisten, dass auch bei unvorhergesehenen Fällen eine reibungslose Produktion gewährleistet ist.

Meldebestand

Der Meldebestand liegt über dem Mindestbestand und bestimmt den Bestellzeitpunkt. Folgende Faktoren beeinflussen den Meldebestand:

- Mindestbestand
- Produktions- und Absatzmengen
- Fertigungslosgrößen
- Verpackungs- und Ladeeinheiten
- betrieblicher Bestelldurchlauf
- Lieferzeit

Der Meldebestand, der Tagesverbrauch und der verfügbare Bestand werden wie folgt berechnet:

Meldebestand = Tagesverbrauch x Lieferzeit + Mindestbestand

Tagesverbrauch = Jahresverbrauch / Arbeitstage pro Jahr

> *Beispiel:*
>
> *Der durchschnittliche Tagesverbrauch eines Materials liegt bei 60 Stück. Die Lieferzeit beträgt 10 Tage. Der Mindestbestand wird auf 600 Stück festgesetzt.*
>
> *Lösung: Der Meldebestand liegt bei 1.200 Stück und ergibt sich durch Einsetzen in die Formel:*
>
> *60 x 10 + 600 = 1.200*

Verfügbarer Bestand = aktueller Lagerbestand + offene Bestellungen – Vormerkungen

Optimale Bestellmenge

Materialien und Waren sollten in einer wirtschaftlichen Menge geordert werden. Bei hohen Bestellmengen besteht die Möglichkeit, Mengenrabatte sowie günstigere Lieferungs- und Zahlungsbedingungen auszuhandeln. Allerdings benötigen hohe Bestände viel Lagerplatz, und das wiederum hat hohe Lagerkosten zur Folge. Außerdem ist die Kapitalbindung hoch. Sind die Bestellmengen hingegen niedrig, müssen oft ungünstige Konditionen in Kauf genommen werden.

Es empfiehlt sich deshalb, genau die Menge zu errechnen, bei der das Verhältnis von Bestellkosten, Preis, Lager- und Kapitalkosten möglichst ausgewogen ist. Anders ausgedrückt: Es gilt, die optimale Bestellmenge zu ermitteln. Zu deren Berechnung wird die sogenannte *Andlersche Formel* herangezogen, die folgende Einflussgrößen berücksichtigt:

- Jahresbedarf
- bestellfixe Kosten
- Einstandspreis
- Zinskosten
- Lagerkostensatz

Die optimale Bestellmenge berechnet sich wie folgt:

$\sqrt{(2 \text{ x Jahresbedarf x bestellfixe Kosten/(Einstandspreis x Zins- + Lagerkostensatz))}}$

Beispiel:

Der Jahresbedarf einer Ware beläuft sich auf 3.000 Stück. Die bestellfixen Kosten liegen bei 180 €. Der Einstandspreis beträgt 100 €. Der Zins- und der Lagerkostensatz liegen zusammen bei 12 %.

Die Werte werden in die Formel eingesetzt:

$\sqrt{(2 \text{ x } 3.000 \text{ x } 180\,€ \,/\, (100\,€ \text{ x } 12\,\%))}$

Lösung: Die optimale Bestellmenge liegt bei 300 Stück.

Übrigens: Großen Einfluss haben die bestellfixen Kosten. Lägen diese bei ansonsten unveränderter Zahlenkonstellation bei 20 €, läge die optimale Bestellmenge bei 100.

Kritikpunkte

Folgende Kritik wird häufig an der Andlerschen Formel geäußert.

Die Formel berücksichtigt nicht:

- ob der für die optimale Bestellmenge notwendige Lagerraum zur Verfügung steht,
- dass der Bedarf aufgrund von Saisonschwankungen möglicherweise unterschiedlich ist (Beispiel: Bademoden werden in erster Linie im Sommer verkauft, Skier im Winter),
- ob die gewünschte Qualität beim Lieferanten zur Verfügung steht,
- dass sich Einstandspreis, fixe Bestellkosten und Lagerkosten möglicherweise ändern,
- Veränderungen der Beschaffungszeit und der Lagerfähigkeit (z. B. bei Lebensmitteln) von Materialien,
- die Leistungsfähigkeit von Lieferanten.

Auf den Punkt gebracht

Mithilfe von Lagerkennzahlen verschaffen Sie sich einen Überblick über die Effektivität der Lagerhaltung.

Je höher die Umschlagshäufigkeit des Lagerbestandes ist, desto kürzer ist die Lagerdauer. Das bedingt einen geringeren Kapitaleinsatz. Ein niedrigerer Kapitaleinsatz wiederum reduziert das Lagerrisiko.

Zu große Bestände entziehen dem Unternehmen flüssige Mittel, binden Kapital und verursachen Kosten für die Lagerung. Auf der anderen Seite gefährden zu niedrige Lagerbestände die Produktions- und die Absatzbereitschaft. Sie erfordern unter Umständen eilige Bestellungen und erhöhen die Transportkosten.

Einkaufskennzahlen

Im Rahmen der Beschaffung spielen ebenfalls verschiedene Kennzahlen eine Rolle. Sie eignen sich unter anderem als Vergleichszahl zur Beurteilung der Einkaufskosten und als Branchenvergleichszahlen.

Die Vielzahl der Einkaufskennzahlen lässt sich in unterschiedliche Gruppen bzw. Rubriken unterteilen:

- Beurteilung von Einkaufsaktivitäten
- Beurteilung von Lieferanten
- Beurteilung von Bestellungen
- Beurteilung von Mitarbeiteraktivitäten
- Beurteilung finanzieller Aspekte

Zahlengrundgerüst

Unabhängig von der Einteilung der Einkaufskennzahlen in Rubriken, sollten folgende Zahlen als Basis zur Verfügung stehen:

- Kosten der Einkaufsabteilung: Das sind alle direkten und indirekten Kosten, die im Zusammenhang mit der Erfüllung der Einkaufsfunktion entstehen – angefangen beim Büro, über Mitarbeitergehälter, IT, bis hin zum Firmenwagen, den der Einkaufsleiter fährt. Anders ausgedrückt: Alle Kosten, die in der Kostenrechnung auf der Kostenstelle Einkauf geführt werden.

- Einkaufsvolumen: Das ist der Gesamtwert aller Bestellungen in einem festgelegten Zeitraum. Das Einkaufsvolumen ergibt sich aus dem Einkaufswert abzüglich aller gewährten Rabatte, Skonti und Boni. Die Beschaffungsnebenkosten (Fracht, Zölle u. Ä.) gehören ebenfalls zum Einkaufsvolumen.

!

Einkaufsvolumen

Der Gesamtwert aller Bestellungen setzt sich unter anderem aus folgenden Positionen zusammen:

- Roh-, Hilfs- und Betriebsstoffe
- fremdbezogene Fertigteile
- Handelswaren
- Maschinen und Betriebsvorrichtungen
- Betriebs- und Geschäftsausstattung
- Fuhrpark
- Energien
- Dienstleistungen
- Beschaffungsnebenkosten

Die Entwicklung des Einkaufsvolumens ist häufig ein wichtiger Indikator für die allgemeine Entwicklung eines Unternehmens.

- Anzahl Einkaufsmitarbeiter: Das sind alle Mitarbeiter, die im Einkauf beschäftigt werden. Teilzeitkräfte sollten anteilig berücksichtigt werden.

- Anzahl Bestellungen: Das sind alle durchgeführten Bestellungen, einschließlich der Abrufe aus Rahmenverträgen für einen festgelegten Zeitraum.
- Anzahl Lieferungen: Das sind alle eingegangenen Lieferungen für einen festgelegten Zeitraum.
- Anzahl Wareneingangspositionen: Das ist die Anzahl aller eingegangenen Wareneingangspositionen. Eine Warenanlieferung kann aus einer einzigen kleinen Position oder aus einer großen Anzahl von verschiedenen Positionen bestehen. Wenn mit der Anzahl Wareneingangspositionen gearbeitet wird, sind konkretere Aussagen möglich.
- Anzahl Lieferanten: Das sind alle aktiven Lieferanten für einen festgelegten Zeitraum. Übrigens: Je mehr Lieferanten beauftragt werden, desto größer sind der Verwaltungsaufwand und die Kontaktpflege. Die Kehrseite der Medaille: Ist die Zahl der Lieferanten zu niedrig, gerät das Unternehmen in die Abhängigkeit von nur wenigen Zulieferern.
- Anzahl Artikel: Das ist die Anzahl Artikel, die im festgelegten Zeitraum geordert werden müssen. Anhaltspunkt: Jeder Artikel sollte eine eigene Artikelnummer haben.
- Anzahl Artikelgruppen: Das ist die Anzahl aktueller Artikelgruppen, die als Struktur für die Gesamtheit aller Artikel dienen.

Zahlenbasis Einkauf

	Einheit	2014	2013	2012	Anmerkung
Einkaufsvolumen	Euro				
Kosten der Einkaufsabteilung	Euro				
Anzahl Einkaufsmitarbeiter	Ganze Zahl				
Anzahl Bestellungen	Ganze Zahl				
Anzahl Lieferungen	Ganze Zahl				
Anzahl Wareneingangspositionen	Ganze Zahl				
Anzahl Artikel	Ganze Zahl				
Anzahl Artikelgruppen	Ganze Zahl				
Anzahl Lieferanten	Ganze Zahl				

Abb. 11: Legen Sie für die wichtigsten Einkaufskennzahlen eine Excel-Tabelle an.

Beurteilung von Lieferanten

Zur Beurteilung von Lieferanten können folgende Kennzahlen herangezogen werden:

- Reklamationsquote
- Lieferzuverlässigkeit
- Lieferfähigkeit
- Liefertermintreue
- Verzugsquote

- Lieferantenstruktur
- Lieferzeit der Lieferanten

Reklamationsquote

Ohne die Qualität aufwendig zu bewerten und zu beurteilen, liefert die Reklamationsquote eine Aussage zur Fehlerfreiheit und zu Abweichungen im Hinblick auf die Spezifikation von Produkten.

Zur Berechnung der Reklamationsquote werden folgende Informationen benötigt:

- Anzahl der reklamierten Lieferungen
- Anzahl aller Lieferungen

Reklamationsquote = Anzahl der reklamierten Lieferungen / Gesamtzahl aller Lieferungen x 100

> *Beispiel:*
>
> *Werden 10 von 80 Lieferungen reklamiert, beträgt die Reklamationsquote 12,5 %.*

Doch ganz so simpel ist der Sachverhalt nur auf den ersten Blick: Während Sie die Gesamtzahl aller Lieferungen den Basiszahlen (Zahlengrundgerüst) entnehmen können, müssen Sie zunächst folgende Sachverhalte festlegen:

- Welche Reklamationen bzw. welche Reklamationsgründe sollen bei der Berechnung berücksichtigt werden, etwa Mängel der Produktqualität, Mängel an der Verpackung, eine falsche Liefermenge oder eine falsche Ware?

- Wie soll mit Teillieferungen umgegangen werden – wie mit unberechtigten Reklamationen, bei denen sich der Lieferant möglicherweise als äußerst kulant erweist?
- Wie kann sichergestellt werden, dass sich die Reklamationen und Bestellungen auf den gleichen Zeitraum beziehen? Bei einer Reklamation, die bereits im Wareneingang erkannt wird, ist das einfacher als bei einem Fertigteil, dessen Fehler erst Wochen später in der Montage entdeckt wird.

Damit die Kennziffer aussagekräftig ist, sollten Branchenvergleiche und Vergleiche der einzelnen Lieferanten herangezogen werden.

Wichtig ist auch, Konsequenzen aus der Reklamationsquote zu ziehen. Dazu kann es erforderlich sein, die Kennzahl weiter zu analysieren, etwa nach Lieferanten, Reklamationsgründen, Wiederholungsfehlern etc. Nur so können Sie Schwachstellen erkennen und Abläufe optimieren.

!

Kosten durch Qualitätsprobleme

In der Praxis kann es hilfreich sein, die Kosten, die der Lieferant durch die Reklamation verursacht hat, zu berechnen. Konfrontieren Sie den Lieferanten in Einkaufsgesprächen mit diesen Fakten, und nutzen Sie entsprechende Argumente in Verhandlungen.

Weitere nützliche Kennzahlen zur Lieferantenbeurteilung

Tabelle 10 gibt Ihnen einen guten Überblick über weitere Kennzahlen zur Lieferantenbeurteilung.

Bezeichnung	Formel	Erläuterung
Lieferzuverlässigkeit	ausgeführte Bestellungen / Gesamtzahl der Bestellungen x 100	Beispiel: Von 5.000 Bestellungen wurden 4.900 Bestellungen ausgeführt. Lösung: 98 % aller Bestellungen wurden ausgeführt. Anders ausgedrückt: 2 % der Bestellungen wurden nicht erledigt.
Liefertermintreue	Anzahl termingerechter Wareneingangspositionen / Gesamtzahl aller Wareneingangspositionen	Im Grunde beurteilt diese Kennzahl ebenfalls die Lieferzuverlässigkeit, wobei hier der Schwerpunkt auf der Termintreue liegt. Als termingerecht gilt der Wareneingang immer dann, wenn er zum vereinbarten Liefertermin erfolgt. Ausnahmen: Terminabweichungen, die der Lieferant nicht zu verantworten hat, werden nicht berücksichtigt: Beispiel: Das Fahrzeug des Spediteurs wird in einen Unfall verwickelt. Kritikpunkt: Zeitüberschreitungen von einem einzigen Tag werden in der Formel behandelt wie ein Verzug von mehreren Wochen.

Bezeichnung	Formel	Erläuterung
Verzugsquote	Zahl der verspäteten Lieferungen / Gesamtzahl der Lieferungen x 100	vgl. Liefertermintreue
Lieferfähigkeit	Anzahl Aufträge / Anzahl Anfragen x 100	Beispiel: Von 1.000 Anfragen kommt es zu 850 Aufträgen, bei denen die Lieferanten die gewünschte Menge, den gewünschten Termin und den Lieferort zusagen können. Lösung: Die Lieferfähigkeit entspricht 85 %.
Lieferantenstruktur	Anteil eines Lieferanten / Einkaufsvolumen x 100	Diese Kennzahl ist ggf. für mehrere Lieferanten zu bilden. Sie zeigt die Abhängigkeit von einzelnen Lieferanten. Beispiel: Bei einem gesamten Einkaufsvolumen von 1,5 Mio. € entfallen 600.000 € auf Lieferant A und 400.000 € auf Lieferant B. Lösung: Auf Lieferant A entfallen 40 % des Einkaufsvolumens, auf Lieferant B rund 27 %. Das bedeutet, zwei Drittel des Einkaufsvolumens werden mit zwei Lieferanten abgedeckt. Die Abhängigkeit von diesen Lieferanten ist entsprechend hoch.

Bezeichnung	Formel	Erläuterung
Reklamationsquote	Anzahl der reklamierten Lieferungen / Gesamtzahl aller Lieferungen x 100	siehe oben

Tab. 10: Die wichtigsten Kennzahlen für die Abteilung „Einkauf" im Überblick

Einkaufsaktivitäten

Allgemeine Kennzahlen zur Beurteilung der Einkaufsaktivitäten sind:

Bezeichnung	Formel
durchschnittlicher Einkaufswert	Wareneinsatz / Anzahl Lieferanten
Anteil des Einkaufsvolumens am Umsatz	Einkaufvolumen / Umsatz des Unternehmens x 100
Beschaffungsquote	gelieferte Zukaufteilmengen / Summe aller Aufträge in Stück x 100
Rahmenvertragsquote	über Rahmenverträge abgedecktes Volumen / verantwortetes Einkaufsvolumen x 100
Bezugskostenquote	Bezugskosten / Wareneinsatz x 100
Preisnachlassquote	Preisnachlässe / Einkaufsvolumen x 100

Tab. 11: Diese Einkaufskennzahlen geben einen Aussagewert über die Einkaufsaktivitäten.

Bestellung

Die in Tabelle 12 gelisteten Kennziffern unterstützen Sie bei der Beurteilung von Bestellungen.

Bezeichnung	Formel
durchschnittlicher Bestellwert	Einkaufsvolumen / Anzahl Bestellungen
Kosten je Bestellung	Gesamtkosten der Einkaufsabteilung / Anzahl der Bestellungen
Anzahl Bestellpositionen je Bestellung	Gesamtzahl aller Bestellpositionen / Gesamtzahl aller Bestellungen
Kosten pro Bestellung	Gesamtkosten des Einkaufs / Anzahl aller Bestellungen

Tab. 12: Wichtige Kennzahlen, um Bestellungen zu beurteilen

!

Kritikpunkte: Kosten pro Bestellung

- Qualität des Bestellprozesses wird nicht berücksichtigt. Anders ausgedrückt: Die Formel berücksichtigt nicht, ob kritische Preise oder kritische Termine erfolgreich verhandelt wurden.
- Qualität der Beratung wird ignoriert.
- Zusammenfassen von mehreren Positionen zu einer Bestellung führt zu fehlerhaften Werten.

Mitarbeiter der Abteilung „Einkauf"

Nachfolgend einige Kennzahlen zur Beurteilung der Mitarbeiteraktivitäten (siehe Tabelle 13).

Bezeichnung	Formel
Beschaffungsvolumen je (Einkaufs-)Mitarbeiter	Beschaffungsvolumen / Anzahl Einkaufsmitarbeiter
Weiterbildungskosten je Einkaufsmitarbeiter	Weiterbildungskosten / Anzahl Einkaufsmitarbeiter
aktive Lieferanten pro Mitarbeiter	Anzahl aktive Lieferanten / Anzahl Einkaufsmitarbeiter
Büromaterialanteil pro Mitarbeiter	Büromaterialverbrauch in Euro / Anzahl Einkaufsmitarbeiter
Telekommunikationskostenanteil je Mitarbeiter	Telekommunikationskosten der Einkaufsabteilung / Anzahl Einkaufsmitarbeiter
Reisekostenanteil	Reisekosten der Einkaufsabteilung / Gesamtkosten der Einkaufsabteilung x 100
Büromaterialanteil der Einkaufsabteilung	Büromaterialverbrauch in Euro / Gesamtkosten der Einkaufsabteilung x 100

Tab. 13: Kennzahlen für die Beurteilung der Mitarbeiteraktivität in der Abteilung „Einkauf"

Einkauf und Finanzen

Abschließend zeigt Tabelle 14 Kennzahlen, die den Einkauf im Hinblick auf finanzielle Aspekte abbilden.

Bezeichnung	Formel	Erläuterung
Kreditorenumschlag	(Materialeinsatz + Fremdleistungen + Umsatzsteuer) / Verbindlichkeiten	Um das durchschnittliche Kreditorenziel in Tagen zu berechnen, müssen Sie zunächst den Kreditorenumschlag ermitteln. Der Kreditorenumschlag zeigt das Verhältnis von Warenwert, Fremdleistungen, Umsatzsteuer und Verbindlichkeiten.
durchschnittliches Kreditorenziel in Tagen	360 / Kreditorenziel	Zeigt, nach wie vielen Tagen die Verbindlichkeiten aus Lieferungen und Leistungen bezahlt werden.

Tab. 14: Einkaufskennzahlen unter Berücksichtigung finanzieller Aspekte

! *Hinweis:*

Materialkennzahlen wie Meldebestand und optimale Bestellmenge kann man theoretisch sowohl dem Lager als auch dem Einkauf zuordnen. Diese Kennzahlen wurden im Rahmen dieses Buches bereits im vorangegangenen Kapitel besprochen.

Auf den Punkt gebracht

Einkaufskennzahlen eignen sich unter anderem zur Beurteilung der Einkaufskosten und als Branchenvergleichszahlen. Die Kennzahlen lassen sich in unterschiedliche Rubriken unterteilen:

- Beurteilung von Einkaufsaktivitäten
- Beurteilung von Lieferanten
- Beurteilung von Bestellungen
- Beurteilung von Mitarbeiteraktivitäten
- Beurteilung finanzieller Aspekte

Unabhängig von der Einteilung der Einkaufskennzahlen in Rubriken sollten folgende Zahlen als Basis zur Verfügung stehen:

- Kosten der Einkaufsabteilung
- Einkaufsvolumen
- Anzahl Einkaufsmitarbeiter
- Anzahl Bestellungen
- Anzahl Lieferungen und Anzahl Wareneingangspositionen
- Anzahl Lieferanten
- Anzahl Artikel und Anzahl Artikelgruppen

Produktionskennzahlen

Im Rahmen der Produktionskennzahlen werden im Wesentlichen Kennzahlen zur Kontrolle des Produktionsbereichs sowie Kennzahlen zur Gestaltung einer optimalen Produktionsprogrammplanung unterschieden.

Kontrollkennzahlen

Die wichtigsten Kontrollkennzahlen im Produktionsbereich finden Sie in Tabelle 15.

Kennzahl	Formel	Erläuterung
Beschäftigungsgrad	Istbeschäftigung / Planbeschäftigung x 100	Gibt die Auslastung der vorhandenen Kapazität an.
Kapazitätsauslastungsgrad	Fertigungsstunden / Kapazitätsstunden x 100	vgl. Beschäftigungsgrad
Ausschussquote	Ausschussmenge / Produktionsmenge x 100	Maßstab für die Qualität: Zeigt an, wie viele Produkte nicht dem Qualitätsstandard entsprechen.

Kennzahl	Formel	Erläuterung
Reklamations-quote	reklamierte Menge / Auslieferungsmenge x 100	Diese Kennzahl gibt es auch im Einkauf: Ohne die Qualität aufwendig zu bewerten und zu beurteilen, liefert die Reklamationsquote eine Aussage zur Fehlerfreiheit und zu Abweichungen im Hinblick auf die Spezifikation von Produkten. Hier wird diese Kennzahl für die eigenen Produkte gebildet.
Produktivität	Ausbringungsmenge / Faktoreinsatz-menge	Hier geht es um ein mengenmäßiges Verhältnis: Vergleich von Input zu Output.
Arbeitsproduk-tivität	Anzahl geprüfter Anträge / Arbeits-stunden	vgl. Produktivität
Wirtschaftlich-keit	Ertrag / Aufwand alternativ: Leistungen zu Kosten	Hier geht es im Gegensatz zur Produktivität um ein Wertverhältnis.

Tab. 15: Die wichtigsten Kontrollkennzahlen im Produktionsbereich im Überblick

Produktionsprogrammplanung

Die Planung des optimalen Produktionsprogramms erfolgt unter anderem mithilfe der Deckungsbeitragsrechnung.

In diesem Zusammenhang werden unterschieden:

- Produktion ohne Kapazitätsengpass
- Produktion in einer Engpasssituation

Der *Stückdeckungsbeitrag* kann herangezogen werden, wenn alle Produkte hergestellt werden können. Es liegt kein Engpass vor. In diesem Fall empfiehlt es sich, alle Produkte mit einem positiven Deckungsbeitrag zu produzieren:

Stückdeckungsbeitrag = Stückerlös – variable Stückkosten

Sind die Produktionskapazitäten begrenzt, bietet der *relative Deckungsbeitrag* Hilfestellung:

Relativer Deckungsbeitrag = Stückdeckungsbeitrag / Engpassbeanspruchung

Hinweis:

Weitere Informationen zum Thema Deckungsbeitrag finden Sie in Kapitel „Kennzahlen des Rechnungswesens".

Break-Even-Analyse und Break-Even-Point

Eine Break-Even-Analyse – auch Gewinnschwellenanalyse genannt – klärt Fragen zur Gewinnsituation von Produkten und ist somit ein wichtiges Entscheidungsinstrument in der Praxis. In diesem Zusammenhang werden Fragen zu Erlösen in Verbindung mit Absatzmengen und voraussichtlichen Kosten geklärt. Konkret werden dabei die Beziehungen und Zusammenhänge zwischen der Beschäftigung (entspricht den Absatzmengen), der Höhe der Kosten und den durchsetzbaren Verkaufspreisen aufgezeigt. Damit kann folgende Fragestellung beantwortet werden:

Welche Erlöse müssen bei welchen Absatzmengen erzielt werden, damit die bei dieser Menge entstehenden Kosten gedeckt werden?

Anders ausgedrückt: Bei welcher Verkaufsmenge werden alle Kosten gedeckt?

Im Rahmen der *Break-Even-Analyse* wird genau der Punkt ermittelt, bei dem die Absatzerlöse und die variablen Kosten identisch sind. Diesen Punkt nennt man *Break-Even-Point* oder auch Gewinnschwelle. Stellt man die Absatzerlöse und variablen Kosten grafisch dar, bilden diese in der Regel jeweils eine Gerade. Der Schnittpunkt der Geraden entspricht dem Break-Even-Point. Unterhalb dieses Punktes befindet sich ein Unternehmen in der Verlustzone. Oberhalb des Punktes werden alle Kosten gedeckt und darüber hinaus noch ein Gewinn erzielt. Man spricht in diesem Zusammenhang auch von positiven Deckungsbeiträgen.

Berechnung des Break-Even-Points:

Break-Even-Point = fixe Kosten / (Erlös pro Stück – variable Stückkosten)

> ***Beispiel:***
>
> *Ein Unternehmen produziert Stühle, die zu einem Verkaufspreis von 579 € veräußert werden. Die variablen Stückkosten liegen bei 275 €. Es fallen monatliche Fixkosten in Höhe von 172.000 € an.*
>
> *Die Lösung: Der Break-Even-Point liegt bei 566 Stück.*

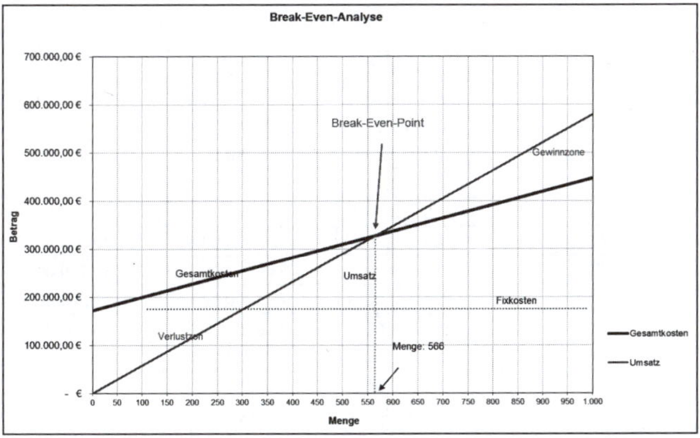

Abb. 12: Grafische Darstellung der Gewinnschwelle

Break-Even-Analyse

Variable Stückkosten	275,00 €
Preis pro Stück	579,00 €
Fixe Kosten	172.000,00 €
Break-Even-Point	**566**

Menge	Gesamtkosten	Umsatz	Gewinn/Verlust
0	172.000,00 €	– €	–172.000,00
50	185,750,00 €	28.950,00 €	–156,800,00
100	199.500,00 €	57.900,00 €	–141.600,00
150	213.250,00 €	86.850,00 €	–126.400,00
200	227.000,00 €	115.800,00 €	–111.200,00
250	240.750,00 €	144.750,00 €	–96.000,00
300	254.500,00 €	173.700,00 €	–80.800,00
350	268.250,00 €	202.650,00 €	–65.600,00
400	282.000,00 €	231.600,00 €	–50.400,00
450	295.750,00 €	260.550,00 €	–35.200,00
500	309.500,00 €	289.500,00 €	–20.000,00
550	323.250,00 €	318.450,00 €	–4.800,00
600	337.000,00 €	347.400,00 €	10.400,00
650	350.750,00 €	376.350,00 €	25.600,00
700	364.500,00 €	405.300,00 €	40.800,00
750	378.250,00 €	434.250,00 €	56.000,00
800	392.000,00 €	463.200,00 €	71.200,00
850	405.750,00 €	492.150,00 €	86.400,00
900	419.500,00 €	521.100,00 €	101.600,00
950	433.250,00 €	550.050,00 €	116.800,00
1.000	447.000,00 €	579.000,00 €	132.000,00

Abb. 13: Berechnen Sie die Gewinnschwelle anhand der Break-Even-Analyse.

Auf den Punkt gebracht

Produktionskennzahlen werden in erster Linie zur Kontrolle des Produktionsbereichs sowie zur Gestaltung eines optimalen Produktionsprogramms benötigt.

Die Planung des optimalen Produktionsprogramms erfolgt unter anderem mithilfe der Deckungsbeitragsrechnung. Dabei werden unterschieden:

- Produktion ohne Kapazitätsengpass
- Produktion in einer Engpasssituation

Die Break-Even-Analyse klärt Fragen zur Gewinnsituation von Produkten und ist somit ein wichtiges Entscheidungsinstrument in der Praxis. Konkret werden dabei die Beziehungen und Zusammenhänge zwischen der Beschäftigung, der Höhe der Kosten und der Verkaufspreise aufgezeigt.

Marketing und Vertriebskennzahlen

Was die Marketing- und Vertriebsarbeit anbelangt, besteht in jedem Unternehmen Analysebedarf. Spezielle Kennzahlen zu diesem Bereich verschaffen den Verantwortlichen einen Überblick über Umsatzstrukturen, Erfolge und Misserfolge. Im Wesentlichen werden folgende Kennzahlengruppen unterschieden:

- Kennzahlen zum Markt
- Kennzahlen zu den Vertriebsaktivitäten wie Umsatzkennzahlen
- Kennzahlen aus dem Bereich des Marketing-Controllings

Der Marktanteil

Mit dem Marktanteil wird der Absatz- bzw. Umsatzanteil eines Unternehmens am Absatz bzw. Umsatz seiner Branche bezeichnet. Unterschieden werden Marktanteile nach Menge und nach Wert:

- Marktanteil nach Menge = Absatzmenge / Absatzvolumen der Branche x 100
- Marktanteil nach Wert = Umsatz / Branchenumsatz x 100

Bei Bedarf können Sie den Marktanteil weiter differenzieren:

- Marktanteil je Region/Kundengruppe bzw. Zielgruppe
- Marktanteil nach Vertriebswegen
- Marktanteil nach Produkt-/Sortimentsgruppen
- Mengen und wertmäßige Entwicklung des Marktanteils

Weitere Marktkennzahlen zeigt Ihnen Tabelle 16.

Formel	Bezeichnung	Erläuterung
Sättigungsgrad	eigener Umsatz / Marktvolumen x 100	Ist der Sättigungsgrad niedrig, können Sie einen höheren Absatz anstreben.
Marktwachstum	Marktvolumen im Planungszeitraum / Marktvolumen im Vorjahr x 100	Zeigt die Entwicklung des Marktes.
Entwicklung des Marktanteils	Marktanteil einer Periode / Marktanteil der vorangegangenen Vergleichsperiode x 100	Die Periode kann beispielsweise das vorletzte Jahr repräsentieren. Die Vergleichsperiode entspricht dann dem Zeitraum vor zwei Jahren.

Tab. 16: Wichtige Marktkennzahlen im Überblick

Vertriebskennzahlen

Vertriebskennzahlen werden weiter untergliedert in:

- Umsatzkennzahlen
- Auftragskennzahlen

Umsatzkennzahlen

Eine Umsatzanalyse verschafft einen Überblick über Umsatzstrukturen:

Kennzahl	Formel	Bemerkung
Pro-Kopf-Umsatz	Umsatz / Anzahl der Mitarbeiter	gleichzeitig Kennzahl aus dem Personalbereich
Umsatz je qm Verkaufsfläche	Umsatz / Verkaufsfläche in Quadratmetern	reine Vertriebskennzahl
Umsatzrentabilität	Gewinn / Umsatz x 100	gleichzeitig eine Kennzahl aus dem Rechnungswesen

Tab. 17: Umsatzkennzahlen

Aufschlussreich im Zusammenhang mit dem Umsatz können auch folgende Zahlen sein:

- Umsatzdurchschnitt pro Produktgruppe
- Umsatzdurchschnitt pro Kundengruppe
- Umsatz nach Gebieten/Regionen
- Umsatz der einzelnen Außendienstorganisationen/Außendienstmitarbeiter
- Umsatz nach Vertriebswegen
- Verhältnis Umsatz zu durchschnittlichem Lagerbestand
- Verhältnis Umsatz zu durchschnittlichem Debitorenbestand

Auftragskennzahlen

Im Zusammenhang mit der Analyse von Aufträgen sind die in Tabelle 18 gelisteten Kennziffern praxisrelevant.

Kennzahl	Formel	Erläuterung
Erfolgsquote (Angebots-erfolg)	Anzahl der Aufträge / Anzahl Angebote x 100	Die Erfolgsquote zeigt das Verhältnis der Anzahl der Angebote zu der Anzahl der erhaltenen Aufträge. Mit einer Erfolgsquote, die gegen 100 % tendiert, darf man in jedem Fall zufrieden sein. Niedrige Erfolgsquoten können zwar branchengebunden üblich sein, sollten jedoch kritisch analysiert werden.
durchschnittliche Auftragsgröße	Wert Auftragseingänge / Anzahl Aufträge alternativ: Umsatz / Anzahl der Aufträge	Die durchschnittliche Auftragsgröße ist von Unternehmen zu Unternehmen und von Branche zu Branche sehr unterschiedlich. Bedenklich ist, wenn der Wert immer weiter fällt.
Auftragsfluss	Auftragseingänge / aktueller Auftragswert	Zeigt das Verhältnis der Auftragseingänge zu den aktuellen Auftragswerten.

Kennzahl	Formel	Erläuterung
Verhältnis Kunden zu Auftrag	Anzahl Kunden / Anzahl der Aufträge x 100	Gibt an, wie viel Aufträge Sie durchschnittlich von einem Kunden erhalten. Tendiert die Zahl gegen 100 %, kann man in jedem Fall mit dem Ergebnis zufrieden sein. Eine allgemeine Beurteilungsgrundlage gibt es nicht. Das Ergebnis ist stark von den Branchengegebenheiten abhängig.

Tab. 18: Nützliche Auftragskennzahlen

Im Rahmen der Absatzkontrolle sind verschiedene Aufgaben zu erfüllen. Unter anderem gilt es zu überprüfen, in welchem Umfang die Planziele erreicht und die Aktionen der Planung entsprechend durchgeführt wurden. Zielerreichungsgrade geben hierzu Auskunft:

- Zielerreichungsgrad einzelner Außendienstmitarbeiter
- Zielerreichungsgrad nach Kunden-/Zielgruppen/Gebieten
- Zielerreichungsgrad nach Artikeln/Produktgruppen

Verkaufs- und weitere Vertriebsmesszahlen

Abschließend noch weitere Verkaufs- und Vertriebsmesszahlen, die in der Praxis häufig eingesetzt werden.

Verkaufsmesszahlen beschäftigen sich mit der Intensität der Kundenbetreuung. Dazu sind folgende Angaben notwendig:

- Anzahl Aufträge (Auftragsbücher, -übersichten)
- Anzahl Angebote (Angebotsbücher, -übersichten)
- Anzahl Kunden (Kundenliste)
- Anzahl Kundenbesuche
- Anzahl Außendienstmitarbeiter
- gefahrene Kilometer Außendienstmitarbeiter

Aus den Angaben können Sie die in Tabelle 19 aufgeführten Kennzahlen bilden.

Kennzahl	Formel	Bemerkung
Verhältnis Kundenbesuche/ Aufträge	Anzahl Kundenbesuche / Anzahl Aufträge	Gibt Aufschluss über die Effektivität der Außendienstarbeit.
Verhältnis gefahrene Kilometer/ Kunden	gefahrene Kilometer / Anzahl Kunden	siehe oben
Stammkundenanteil	Stammkunden / Kunden x 100	Ein hoher Stammkundenanteil ist in vielen Branchen positiv zu bewerten.
Exportquote	Auslandsumsatz / Gesamtumsatz x 100	Gibt Aufschluss über den Anteil der Exporte.
Werbeerfolg	Umsatzzuwachs / Werbeaufwand x 100	Gibt Auskunft über die Effektivität des Werbeaufwands.
Preiselastizität der Nachfrage	relative Mengenänderung / relative Preisänderung	Kennzahl aus dem Bereich des Marketing-Controllings

Kennzahl	Formel	Bemerkung
Kreuzpreiselastizität	relative Mengenänderung bei Produkt 1 / relative Preisänderung bei Produkt 2	Kennzahl aus dem Bereich des Marketing-Controllings

Tab. 19: Interessante Verkaufs- und Vertriebskennzahlen

Wie Sie die Ergebnisse bewerten müssen, hängt stark von den Branchengegebenheiten ab. Ob Ihre Kennzahlen gut oder schlecht sind, lässt sich letztendlich nur beurteilen, wenn Sie die Zahlen der Branche zugrunde legen. Diese liefern Maßstäbe, an denen Sie Ihre individuellen Zahlen messen können. Auch Vergangenheitswerte zeigen Ihnen, ob sich Ihre Zahlenbasis verbessert oder verschlechtert hat.

Kennzahlen bilden

Kennzahlen im Marketing- oder Vertriebsbereich sollten Sie monatlich oder quartalsweise bilden. Beachten Sie in diesem Zusammenhang, dass die Perioden der verwendeten Werte zueinander passen müssen. Das heißt, wenn Sie z. B. die Umsatzrentabilität für ein bestimmtes Quartal berechnen, müssen sowohl der Gewinn als auch der Umsatz dem gleichen Zeitraum entstammen.

Auf den Punkt gebracht

Marketing- und Vertriebskennzahlen verschaffen einen Überblick über Umsatzstrukturen, Erfolge und Misserfolge eines Unternehmens. Im Wesentlichen werden folgende Kennzahlengruppen unterschieden:

- Kennzahlen zum Markt
- Kennzahlen zu den Vertriebsaktivitäten
- Kennzahlen aus dem Bereich des Marketing-Controllings

Es empfiehlt sich, Kennzahlen im Marketing- oder Vertriebsbereich monatlich, mindestens aber quartalsweise zu bilden.

Sonstige Kennzahlen

Zum Schluss noch folgende Kennzahlengruppen:

- Investitionskennzahlen
- Kennzahlen rund um das Thema Beteiligungsfinanzierung und Aktien

Investitionskennzahlen

Die Aufgabe einer Investitionsrechnung besteht darin, die Vorteilhaftigkeit von Investitionen zu beurteilen. Die folgende Tabelle enthält ausschließlich statische Kennzahlen:

Bezeichnung	Formel	Erläuterung
Amortisationsdauer	Kapitaleinsatz / durchschnittliche Rückflüsse	Gibt den Zeitpunkt an, an dem das investierte Kapital in das Unternehmen zurückfließt. Anmerkung: Die durchschnittlichen Rückflüsse entsprechen dem Einnahmeüberschuss pro Periode. Einnahmeüberschuss = Gewinn oder Kostenersparnis + Abschreibung
relative Amortisationsdauer	Amortisationsdauer / Nutzungsdauer	siehe oben

Bezeichnung	Formel	Erläuterung
Kapitaleinsatz	(Anschaffungskosten – Restwert) / 2	Basiszahl für Berechnungen im Zusammenhang mit Investitionen
durchschnittliche Rückflüsse	Gewinn + Abschreibungen	Basiszahl für Berechnungen im Zusammenhang mit Investitionen.
Ersatzinvestitionsentscheidung	$K_{neu} > K_{alt}$	Die Kosten durch die Investition sind niedriger als die Kosten, die durch den Erhalt einer alten Anlage entstehen würden.
Gewinnschwelle einer Investition (Break-Even-Point)	gesamte Fixkosten / Stückdeckungsbeitrag	Weitere Informationen zum Thema Break-Even-Point finden Sie in Kapitel „Produktionskennzahlen".
Rentabilität	durchschnittlicher Gewinn vor Zinsen / durchschnittlicher Kapitaleinsatz x 100	Setzt den Gewinn und den Kapitaleinsatz einer Investition zueinander ins Verhältnis.
Investitionsquote des Sachanlagevermögens	Nettoinvestition bei Sachanlagen / Sachanlagevermögen zu Anschaffungs- bzw. Herstellkosten zu Jahresbeginn x 100	Diese Kennzahl deutet auf die Investitionsneigung des Unternehmens hin.

Bezeichnung	Formel	Erläuterung
Investitions- deckung	Abschreibungen auf Sachanla- gen / (Sachan- lagenzugänge – Sachanlagen- abgänge) x 100	Investitionsdeckung < 1 Anlagenzugang Investitionsdeckung > 1 Ersatzinvestition

Tab. 20: Wichtige Investitionskennzahlen auf einen Blick

Kennzahlen rund um Beteiligungsfinanzierung und Aktien

Nachfolgend Kennzahlen im Zusammenhang mit den Themen Beteiligungsfinanzierung und Aktienbewertung:

Bezeichnung	Formel	Bemerkung
Gewinn pro Aktie	Jahresüberschuss / Anzahl der Aktien x 100	Ertragskennzahl, die zeigt, wie viel Gewinn ein Unternehmen mit einer Aktie erzielt hat.
Dividenden- rendite	Nettodividende / Kurs der Aktie x 100	quasi die „fiktive Verzinsung" der Aktie
Bezugsver- hältnis	Zahl der Altaktien / Zahl der Jungak- tien = bisheriges Grund- kapital / Erhöhungs- kapital	Bezugsrechte ergeben sich für „Altaktionäre" anhand der Beteiligung.

Bezeichnung	Formel	Bemerkung
neuer Mittelkurs	(bisheriges Aktienkapital + Kapitalerhöhung) / (Anzahl Altaktien + Anzahl Jungaktien)	errechneter Mittelkurs nach Kapitalerhöhung
Gewinn pro Aktie	Jahresüberschuss / Anzahl der Aktien x 100	Zeigt an, wie viel Gewinn mit einer Aktie erwirtschaftet wurde.

Tab. 21: Kennzahlen zur Beteiligungsfinanzierung und zu Aktien

Auf den Punkt gebracht

Die Aufgabe einer *Investitionsrechnung* besteht darin, die Vorteilhaftigkeit von Investitionen zu beurteilen. Wichtige Kennzahlen in diesem Zusammenhang sind beispielsweise:

- Amortisationsdauer
- Gewinnschwelle
- Rentabilität
- Investitionsdeckung

Kennzahlen im Zusammenhang mit den Themen *Beteiligungsfinanzierung* und *Aktienbewertung* sind unter anderem:

- Gewinn pro Aktie
- Dividendenrendite
- Bezugsverhältnis

Die Autorin

Susanne Kowalski ist Betriebswirtin und verfügt über langjährige Erfahrung im Controlling. Ihre Fachkompetenz gibt sie seit rund 20 Jahren als Autorin und Dozentin weiter.

Sie hat zahlreiche Fachbücher zur Datenverarbeitung und zu Themen aus dem Bereich des Rechnungswesens geschrieben, die zum Teil international vermarktet werden. Darüber hinaus verfasst Susanne Kowalski regelmäßig Artikel und Beiträge für verschiedene renommierte Fachzeitschriften.

Impressum:
Verlag C. H. Beck im Internet: http://www.beck.de
ISBN: 978-3-406-66822-7

Wilhelmstraße 9, 80801 München

Lektorat: Redaktionsbüro Ute Samenfink, 79108 Freiburg
(http://www.wortpower.de)
Umschlaggestaltung: Bureau Parapluie, 85253 Großberghofen
Umschlagbild: © Arūnas Gabalis – fotolia.com
Satz: Fotosatz Buck, Kumhausen
Druck und Bindung: Beltz Bad Langensalza GmbH,
Neustädter Str. 1–4, 99947 Bad Langensalza

Gedruckt auf säurefreiem, alterungsbeständigem Papier
(hergestellt aus chlorfrei gebleichtem Zellstoff)